L. BAUDRY DE SAUNIER

Histoire Générale
de la
Vélocipédie

CONTENANT

Plus de 150 Gravures, Estampes anciennes, Caricatures
anglaises et françaises sur la Vélocipédie,
Dessins spéciaux des Machines employées depuis trois siècles

Préface de M. JEAN RICHEPIN

QUATRIÈME ÉDITION

PARIS

PAUL OLLENDORFF, ÉDITEUR
28 *bis*, RUE DE RICHELIEU, 28 *bis*
1891

Histoire Générale

de la

Vélocipédie

DU MÊME AUTEUR

En préparation :

Les Jeux Innocents, nouvelles illustrées.

L. BAUDRY DE SAUNIER

Histoire Générale

de la

Vélocipédie

CONTENANT

Plus de 150 Gravures, Estampes anciennes, Caricatures
anglaises et françaises sur la Vélocipédie,
Dessins spéciaux des Machines employées depuis trois siècles

Préface de M. JEAN RICHEPIN

QUATRIÈME ÉDITION

PARIS

PAUL OLLENDORFF, ÉDITEUR

28 *bis*, RUE DE RICHELIEU 28 *bis*

1891

Tous droits réservés.

PRÉFACE

*Je n'ai guère qualité pour préfacer ce livre ;
car voilà trois jours, pas davantage, que j'ai
avalé ma première course sur le Pégase à
pédales.*

*Il est vrai que l'étrange animal m'a conquis
du coup, et que, depuis ces trois jours, je ne
dévélocipède plus. Voler, le corps en souple
équilibre, les muscles en action frénétique et
rythmée, la sueur bue par le vent, les poumons
gorgés d'oxygène, c'est une volupté, tout bête-
ment.*

De ces voluptés-là, où l'on se saoule à sa

vigueur, à son adresse, à se dépenser en se sentant devenir plus fort, de toutes les belles joies gymnastiques, j'ai toujours été le dévot, et j'en suis fier.

Qu'elles puissent nuire en quoi que ce soit à la vie intellectuelle, comme le prétendent quelques-uns, il faut le nier bravement. Pourquoi donc les fleurs de la pensée pousseraient-elles moins drues et moins glorieuses dans le terreau d'une pulpe cérébrale qu'arrose un sang plus frais, plus riche, plus généreusement renouvelé? Laissons cette absurde opinion aux malingres qui cultivent en serre les pâles salades de leur chlorose! Et qu'ils nous jugent ridicules, si cela les console!

Ainsi se consolait le pauvre renard à la queue coupée. Il théorisait aussi contre les queues de ses confrères. N'empêche qu'il est beau de l'avoir, sa queue, c'est-à-dire d'être complet. Or l'homme complet, harmonique, doit être athlète autant qu'artiste.

Et puisque le vélocipède y aide, vive le vélocipède!

Sans fausse vergogne, je le crie, dussent en crever de rire les ventrus assis sur des couronnes en caoutchouc, les ankylosés de cabinet, les anémiques confits dans l'air confiné, les lamentables sédentaires au front d'hydrocéphale et au cul de plomb !

Jean Richepin

Veules-en-Caux, 18 juillet 1891.

AVANT-PROPOS

Il y a depuis cinq ans un sport nouveau qui court les routes universelles, partout où un ruban de terrain de la largeur d'un cerceau traverse une campagne ; une religion qui inspire, sans un renégat, plus d'un million de croyants heureux ; une hygiène qui recuit à l'air et au soleil les ressorts amollis de l'esprit et du corps ; une nécessité inéluctable pour les armées de tous les gouvernements ; enfin il y a, depuis cinq ans, une révolution de la locomotion des hommes, enregistrée par les plus récalcitrants : la vélocipédie.

A la science, elle a appris ceci : que le bi-

pède, réputé si frêle jusqu'ici, possède, par-
dessus tous les animaux incomparablement
forts, la plus considérable endurance des
muscles. Le petit moteur humain, monté sur
deux petites roues de fils d'acier, couvre — en
son maximum de rendement — mille kilomètres sans arrêt. C'est dire qu'il crève vingt
relais de chevaux exceptionnels et qu'aucune
locomotive n'avale pareille distance d'un seul
trait!

Au plaisir, elle a donné cela : la jouissance
de la vitesse, un des régals de l'homme, et
l'activité presque infatigable. Elle a fait au
voyageur artiste ce cadeau de l'instrument
idéal des excursions, de la machine mixte entre
la diligence qui se traîne sur les paysages et le
wagon qui dévore les points de vue!

De tels prodiges, si beaux et si frais, méri-
taient bien une sauce littéraire. Voici dix-huit
mois qu'elle mijote sur le feu avant qu'on ait
osé la servir.

Le littérateur est toujours un homme de recherches; il porte une fouine dans ses armes.
Mais il semble à notre époque que trop souvent il perquisitionne chez soi-même. Trop

fréquemment il descend dans son for intérieur pour examiner quelles douleurs bat son cœur, pour chercher derrière les fagots une nouvelle façon de souffrir! Mais trop de cloportes habitent la cave humaine la mieux tenue, pas assez de bonnes bouteilles, pour que le public se plaise à l'y suivre.

Le littérateur du plein air sera toujours l'écrivain sain. Vive le livre dont le vent des larges prairies fait claquer chacun des feuillets!

Par quels chemins nous est arrivé le « cheval d'acier », quelles épreuves l'ont forgé, personne encore n'en a rien écrit d'exact. J'espère avoir bâti à sa gloire un petit monument précis. Du moins l'impartialité le cimente et déborde entre chaque pierre.

Quelques délicats hausseront les épaules au titre seul de l'ouvrage, à qui le mot de vélocipédie évoque l'être déhanché et sordidement vêtu qui pousse par les rues, à grands coups de trompe et à grands jets de sueur, un assemblage rouillé de cercles de fer. Faut-il ici leur apprendre qu'on ne juge pas d'une race par ses spécimens dégradés, que la vélocipédie a sa basse classe, ses maisons de location, et que le vélocipédard n'est pas le veloceman?

Le veloceman est l'être doux et sans tapage, qui n'éclabousse aucun pantalon clair dans les villes, n'écrase aucun enfant dans les villages; l'enthousiaste discret, qui ne pédale sur les nerfs de personne, et se contente d'avoir mis à ses pieds deux roues ailées pour voler dans la campagne près des blés jaunes ou sous les bois frais. Il chérit son véloce comme Platon voulait qu'on chérît sa patrie, comme une maîtresse, et vos beaux écrous, petite bicyclette, le font mourir d'amour !... La paralysie ou la pauvreté excusent seules aujourd'hui un curieux de ne point donner un coup de dent à cette friandise.

Un mot d'aveu mettra mon point final. Cette histoire, je l'ai volée de-ci de-là à tous ceux qui en possédaient un morceau. J'adresse ma confession publique et ma gratitude aux secrétaires obligeants de la Bibliothèque nationale; à M. Gébert, directeur de la puissante *Revue du Sport vélocipédique;* à M. Martin, du brillant *Véloce-Sport;* au journal le *Vélocipède illustré;* au premier diffuseur du sport, M. de Baroncelli; à l'érudit M. G. de Moncontour.

Je remercie l'intelligence artistique de ce crayon alerte, Georges Goussery, et l'amabilité de M. Eloi Judas. J'ai pillé les portefeuilles français, anglais, italiens, allemands, américains...

La vélocipédie jusqu'ici était nue littérairement. J'ai cru qu'il convenait de donner enfin une robe, si terne fût-elle, à une jolie fille qui nous accorde quotidiennement ses sourires...

HISTOIRE GÉNÉRALE

DE

LA VÉLOCIPÉDIE

CHAPITRE PREMIER

L'ENFANCE DE LA VÉLOCIPÉDIE

(1790-1868)

Les premiers essais (XVIIᵉ et XVIIIᵉ siècles). — Le célérifère
(1790). — La draisienne et le hobby-horse (1818-1819).
— Les années de léthargie (1820-1855). — L'invention
de la manivelle. Michaux (1855), Lallement (1860). — Les
premiers succès du vélocipède.

D'où vient la vélocipédie? Son pays, son âge,
son père?... Les archéologues en donnent leurs
lunettes aux chiens. La vélocipédie est une enfant
trouvée que le XVIIIᵉ siècle déjà vieux recueillit,
jolie comme toutes les filles du hasard, mais vêtue
de mystères rapiécés, chaussée de fables trouées,
et sans état civil. Une seule grande aïeule lui reste,

une marraine à cette cendrillon, la capricieuse reine du monde, la Fortune vélocipédant sur sa roue d'or! Il y a d'ailleurs dans l'histoire de la vélocipédie plus d'un coup de baguette de fée!...

La vélocipédie eut le sort des gens parvenus. Sans famille et ridiculisée au temps de ses premiers pas, elle se voit, depuis dix années, pousser chez tous les peuples des ancêtres incontestés, à dérouter le notaire le plus ferré à dates : Noé, dit-on, descendait rapidement les côtes, tapi dans une barrique de vin! Le succès lui a fait sortir de terre plus de parents vélocipédiques qu'une semaine de pluies ne sème de champignons dans un bois. Même les hiéroglyphes de Louqsor et les fresques de Pompéi découvrent à des yeux complaisants de petits génies ailés, chevauchant un bâton porté par deux roues : les savants n'hésitent pas, ce sont là les grands parents du vélocipède!

Et la liste des ancêtres s'allonge : aux xve et xvie siècles, des rudiments de voitures sont signalés, mus par des perches et des cordes, mais certes moins semblables encore à un vélocipède que le chariot que le cul-de-jatte actionne de ses deux fers à repasser.

Au xviie siècle, en 1625, à ce que raconte un pince-sans-rire, l'Anglais Henry Fetherstone, le jésuite Ricius, ayant en Chine manqué le bateau qui descendait le Gange, voyagea de Chinchiamfu à Chequian Hamceu, à califourchon sur un appareil de sa fabrication, composé de trois roues inégales agrémentées de leviers et de barres !

En 1693, un savant distingué, Ozanam, membre de l'Académie royale des sciences, se donna la distraction de disserter d'une voiture mécanique qu'un docteur de la Rochelle avait conçue : « Un laquais, écrit-il, monté derrière, la fait marcher en appuyant alternativement sur deux pièces de bois qui communiquent à deux petites roues qui actionnent l'essieu du carrosse. »

La voiture d'Ozanam.

Mais ce petit édifice, qui, sur terrain plat, se refusait à devancer le pas d'un âne en promenade, glissait dans les descentes à roues que veux-tu, avec tant de conviction, qu'un soir, voiture, seigneur et laquais, tout vint s'écraser contre un mur !

Puis, vaguement, vers 1703, on entend parler d'un Stephan Tarflers d'Aldorft qui se serait construit « un petit char à trois roues, muni de rouages, qu'il fait marcher tout seul pour se rendre à l'église ». On assure que l'évêque accorda des indulgences à ce pieux inventeur, qui mérite la nôtre.

Bachaumont cite également des mécaniciens qui, au commencement du XVIIIe siècle, poussent des voitures au moyen de barres et pédales enchevêtrées, et sollicitent du Régent une exhibition au Palais-Royal, qui leur est refusée. Les fils reprennent les démarches de leurs pères, et sous Louis XVI, quelques années avant l'échafaud, un de ces grands jouets mécaniques amuse l'esprit futile de la cour de Versailles.

Mais de ces inventions curieuses rien n'est resté. Pas une articulation, pas un rouage, pas une combinaison qui ait été reprise par la vélocipédie, démontée, étudiée, appliquée ! Toutes ces voitures ont été brisées, souvent même par leurs inventeurs, et brûlées dans les grandes cheminées ; toutes ces tentatives sont parties dans la fumée avec des étincelles qui amusaient les enfants, condamnées au feu pour une faute capitale, l'extraordinaire complication. Chaque page de l'histoire de ce nouveau sport fait, en effet, sortir en relief dans la vélocipédie, comme un coup de repoussoir dans une feuille de cuivre, ce principe ineffaçable de mécanique, qu'une invention ne vaut et ne dure que par sa simplicité.

Aussi, lorsqu'en 1790 M. de Sivrac imagina de réunir par une poutre à la suite l'une de l'autre deux roues en bois, et de s'asseoir sur la poutre, son idée, toute primitive qu'elle fût, née peut-être d'une seconde d'observation et privée de l'honneur

Les Célérifères.

d'un croquis, n'en fut-elle pas moins la graine de la vélocipédie jetée en terre. Le *célérifère* est le germe de l'immense moisson moderne.

Ah ! ce n'était bien qu'une pauvre petite graine toute nue, que l'invention de M. de Sivrac ! Et que de sueurs, que de larmes aussi, que d'or et que d'années il a fallu pour faire produire de fines bicyclettes au grossier célérifère du xviiie siècle !

Le *célérifère* se composait de deux éléments : une forte pièce de bois, dégrossie en forme de quadrupède, cheval ou lion, dont les pattes raidies maintenaient deux roues de petit chariot en prolongement. Le patient enfourchait l'animal, le maintenant par la tête, et, frappant alternativement le sol de chaque pied, se poussait en avant par de longues enjambées. Une ornière renversait la monture, un caillou luxait la cheville du cavalier ; au demeurant, les cordonniers y trouvaient leur compte.

Une estampe du temps nous révèle des Incroyables, au Palais-Royal, le jarret gonflant un bas prétentieux et la basque de soie jouant au vent, qui coulissent des œillades mortelles du haut de leurs invraisemblables mécaniques.

Une autre, en couleurs, conservée à la Bibliothèque nationale, parle politique. D'un côté, le Luxembourg avec l'enseigne : *Lupanar du Directoire ;* de l'autre, fuyant sur un célérifère tiré par deux dindons, un personnage en état d'ébriété, es-

corté de gourdes de vin. Au-dessus, ces mots :
Départ précipité, novembre 1799. L'ivrogne est
Barras quittant le pouvoir après le 18 brumaire.

Au jardin de Hanovre, tel est le grand succès
de l'invention, les amateurs se réunissent : de la
terrasse qui ouvre sur le boulevard des Italiens,
partent chaque jour de nombreux célérifères
engagés dans des paris de courses, et qui se poussent du pied le long des grandes voies jusqu'aux
Champs-Élysées et au Cours-la-Reine.

La Révolution toutefois changea naturellement
le nom de ces passe-temps. Le ci-devant célérifère devint le nommé *vélocifère*, et *vélocipède*
était l'homme qui s'en servait. Le 29 floréal an XII
(19 mars 1804), le Vaudeville, situé alors salle du
Vaux-Hall, rue de Chartres-Saint-Honoré, repré-
senta une comédie intitulée : *les Vélocifères*, de
MM. Dupaty, Chazet et Moreau. Le directeur du
théâtre était alors Désaugiers, qui fit bonne recette,
sans toutefois atteindre la centième.

Enfin, vers 1806, le vélocifère manque d'être
consacré utilité publique : quelques administra-
tions l'emploient dans Paris au service de leur
courrier, mais la mauvaise volonté des gamins et
des marmitons de la ville, autorité en France,
rend éphémères ces essais que les directeurs
rayent de leurs frais généraux.

La raillerie en effet avait beau jeu avec ce mode
de transport. Sur une monture rigide, véritable

bâton à roulettes, sans direction précise, n'obéis-
sant qu'aux coups de poing dont on inclinait à
droite ou à gauche sa tête de bois, toujours en ac-
croc avec les voitures jalouses, en froissement
avec les trottoirs intraitables, le cavalier arpentait
les rues de ses longues jambes ouvertes en ciseaux,
piquant, la malchance, plus souvent la pointe du
pied dans une flaque d'eau que sur un pavé sec, et
mouchetant de boue jusqu'à son chapeau. Tel fut,
pendant le Directoire, le Consulat, l'Empire et la
Restauration, le veloceman !

Trente années furent nécessaires aux charpen-
tiers fabriquant ces instruments de bois, pour comprendre que l'articulation de la roue de devant don-
nerait une libre direction à la machine. En 1818
seulement, un baron badois, agriculteur et ingénieur, Drais de Sauerbron, fit sonner haut à Paris
sa découverte, géniale à son sens, le cheval vaincu,
l'homme plus vite que la gazelle, la *draisienne !*

La draisienne n'était autre que le vélocifère ar-
ticulé. A l'arrière, le corps de la machine portait
une roue; à l'avant, une seconde tige parallèle,
plus courte, portant l'autre roue, lui était unie par
une fiche de bois sur laquelle un gouvernail permettait de la faire pivoter.

« Autant que je l'ai pu, dit une note trouvée
dans les papiers de l'inventeur et publiée par le

Radfahrer, de Berlin, j'ai tout prévu, aussi bien relativement à la durabilité qu'à la légèreté et à l'élégance. Sur le désir des clients, je tiens à leur disposition, en plus du vélocifère simple :

« A. La même machine avec un système de

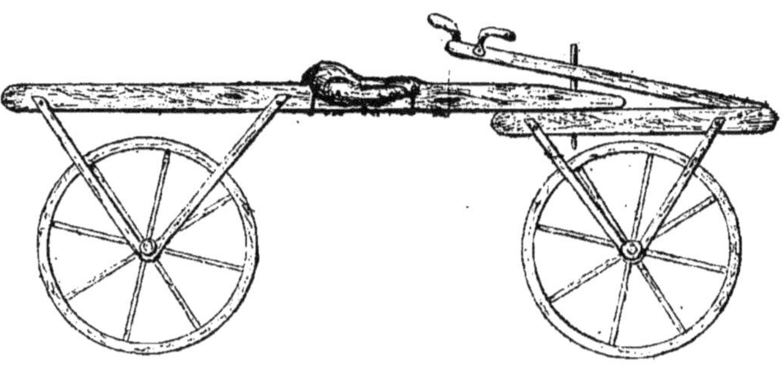

La Draisienne.

crans pour adapter le siège à la grandeur des personnes qui s'en servent.

« B. Une autre machine avec deux sièges l'un derrière l'autre.

« C. Enfin des machines à trois ou quatre roues avec un siège ordinaire et commode entre les roues de devant et un autre derrière le premier, et ainsi établies qu'un cheval peut y être attelé.

« L'ornementation et l'équipement des machines consistent en : un parasol ou un parapluie, une sorte de voile pour profiter d'un vent favorable, des lampes, de la dorure. »

Modestement convaincu de bouleverser le monde, sentant d'ailleurs battre en soi le pouls d'un révolutionnaire de la locomotion humaine,

« Draisiennes dites vélocipèdes, chevaux portatifs et économiques inventés hors de France.»

Drais annonça à l'espèce badaude que : « Dimanche, au jardin Tivoli, l'extraordinaire mécanique sera présentée au public. » L'inventeur, vu sa noblesse, ne daigna pas expérimenter lui-même. Il jucha sur sa bête un grand diable de laquais, tout de vert habillé, la tête couverte d'une casquette plate à la prussienne, dont une curieuse estampe nous a transmis l'air effaré, et qui parvint à grand'peine à distancer la foule d'enfants qui le huaient comme des moineaux un hibou. Le baron, toujours correct, quitta la France et mourut à Carlsruhe en 1851, dans un couvent où il expia le péché de fatuité.

Les contemporains n'eurent d'ailleurs aucunement le respect du Badois. Ils rappelèrent la pesanteur allemande de l'invention par de massives désignations et des mots en plomb. C'est la *vélocipédrausiavaporiana*, autrement dit : « mécaéconomique très surprenante pouvant, en cas de mortalité des chevaux, remplacer les diligences, vélocifères, célérifères, accélérifères ». Ce sont de plus légères satires : les délassements du vélocipède selon les habitués du Marais, du faubourg Saint-Denis ou de la fashion ; puis l'évaluation de la vitesse de la draisienne dans cette estampe dont la légende est ainsi conçue : « L'inventeur a pris un brevet pour une sorte de voiture rapide qui fait quatorze lieues en quinze jours ! »

La postérité suivit l'exemple des contemporains. Jusqu'en 1870, on ne contesta pas à Drais la paternité de la draisienne : drais, draisienne, quoi de plus évident?... Mais le traité de Francfort fit réfléchir les Français et les conduisit en pente rapide à cette juste pensée : une cervelle d'outre-Rhin, avoir enfanté la draisienne! Est-ce seulement vraisemblable? On fouilla les vieux auteurs, on souffla la poussière des anciens recueils savants, et l'on jeta dans la gloire de Drais une poignée de noms d'inventeurs antérieurs à lui, qui la crevèrent et mirent à nu la vérité : le Badois n'était qu'un voleur d'idée, comme ses descendants, des voleurs de pendules !

Mais à qui attribuer l'invention en litige ? Les chercheurs se disputent. — Nicéphore Niepce, l'inventeur de la photographie, est, disent les uns, notre inventeur authentique. — Et pourquoi ? demandent les autres. — Parce qu'après son décès on trouva dans le grenier un assemblage de pièces de bois vermoulues, « dont — le petit-fils raconta — mon grand-père se servait avec une agilité surprenante, dépassant souvent les diligences ». — La preuve est médiocre, reprennent les premiers. Mais à votre tour jugez un peu de notre inventeur, à nous ! Voici le *Petit Journal* de 1869, lisez : « D'après un correspondant du *Figaro*, l'inventeur du vélocipède moderne serait Achille Vivot, né en Picardie, ouvrier chez un fabricant de bas élastiques, M. Ferté, demeurant rue Monsieur-le-Prince.

« L'histoire de cet obscur inventeur est assez triste. Obsédé par son dada, il négligeait le travail de l'atelier, gagnait peu et vivait de deux sous par repas ! Il se servait d'un couteau pour tout instrument. Son véhicule était en bois. Il ne lui manquait plus que 5 francs pour faire cercler ses roues quand la misère et l'épuisement le conduisirent à l'Hôtel-Dieu. On vendit ses dépouilles et le vélocipède fut adjugé 16 francs. »

La discussion s'élargit par l'arrivée d'un troisième orateur, le journal anglais *the Well World*, qui nous démontre par une petite histoire sentimentale que l'inventeur demandé n'est autre qu'un Anglais, comme il est juste, Denis Johnson, mort en 1818. « Pauvre ouvrier de la côte d'Angleterre, murmure-t-il, Denis Johnson vivait seul avec sa sœur qui avait pour lui une grande affection. Pour se rendre à la fabrique, Denis était obligé de marcher beaucoup. Aussi cherchait-il depuis longtemps, avec sa sœur, un moyen de faire le chemin sans se fatiguer autant, lorsqu'il imagina un large bâton sur deux roues pour s'en faire un véhicule.

« Son patron, auquel il fit part de son projet en lui demandant quelques secours pour le réaliser, lui conseilla seulement de retourner à la fabrique. Denis ne se découragea pas, fit des économies, acheta les outils nécessaires et construisit enfin sa machine. — Un jour, de grandes flammes montèrent tout à coup vers le ciel, la fabrique était en feu ! Rapidement Denis, sur sa machine, court de village en village, organise les secours, se rend maître du feu. Le patron reconnaissant donne à son sauveteur un important emploi dans sa maison. »

L'historiette anglaise a du moins sur l'historiette française la supériorité d'une moindre tristesse. Mais où le patriotisme va-t-il se nicher s'il faut ainsi guerroyer de peuple à peuple pour la jonction de deux poutres de bois par une fiche ? L'inventeur de la draisienne est bien le baron Drais ; s'il n'est son père, il est au moins son parrain.

A peine connue à Paris, la draisienne fut portée à Londres. Là, on l'examina, on la soupesa, on hocha la tête : c'était épais, mal ajusté, peu solide. Le pays des hauts fourneaux rêva d'une draisienne de fer et, dès la fin de 1818, le rêve était forgé. Un constructeur, du nom de Knight, donnait alors le dernier coup de marteau à une machine de fer, le *Pedestrian Hobby-Horse,* que l'engouement public enfourcha dès qu'elle lui fut livrée.

Le Hobby-Horse était l'expression légère de la draisienne. Plus fin qu'elle d'allures et plus bref de charpente, tendant moins le nez aux heurts de la rue, doué d'une direction presque facile par une fourche coudée, et offrant, avec son appui de

Le Hobby-Horse.

poitrine, tout le confort que peuvent donner des

Personnage en hobby-horse, d'après *La Nature*.

tiges de fer assemblées, le hobby devint une to-
quade. Il eut des professeurs et une école, orga-

nisée par un nommé Johson, 40, Brewer Street,

Femmes anglaises en hobby-horse. (*La Nature*).

Golden Square. Knight, pris d'assaut par les ache-
teurs, pensa mourir à la fabrication diurne et nocturne de ses che-
vaux. Dans les
parcs privés, les
jeunes misses
elles-mêmes, en
robes courtes, se
poussaient là-
dessus le long
des allées sans

Le hobby-horse de famille(1819).(*La Nature*)

feuilles. Il fallut bien que la caricature lui donnât
sa consécration : le célèbre Cruikshank tomba à
coups de crayon sur le hobby. Une pièce remar-

Caricature de Cruikshank sur les hobby-horse, d'après *La Nature*

quable, intitulée : *Every man on his perch, or going to hobby fair,* soit à peu près : « Chaque

Caricature anglaise de 1819.

homme, en hobby, enfourche son dada », présente la longue cavalcade des professions et des

caractères, le boxeur et l'avare, le prédicateur
sentencieux et l'Écossais sans culottes. — Une

BUM BAILIFF OUT-DONE or one of the Comforts attending the PATENT HOBBY HORSES.

Caricature anglaise de 1819.

autre imagine un véhicule fantaisiste dans lequel
un fort correct gentilhomme entraîne au galop

sa femme qu'on devine peu rassurée sous les gigantesques plumes de son chapeau cabriolet,

Caricature anglaise de 1819.

et son groom ratatiné, indifférent, dans un cul-de-sac.

Caricature anglaise de 1819.

La raillerie cingla l'ardeur des fabricants. Reprenant le système de leviers à poulies d'Ozanam, ils offrirent aux dames, en mai 1819, *the Ladies Hobby*, une voiture mécanique munie d'une roue à pivot et qui permit aux conductrices, dans leur fauteuil, de garder loin du sol brutal leurs pieds fragiles et leurs robes délicates.

Voiture pour dames. — The ladies Hobby. (*La Nature.*)

... Brusquement le feu sacré s'éteint ! L'année 1819 avait la persuasion de détenir, sous la forme du hobby, le suprême modèle d'une machine vélocipédique. L'année 1820 n'osa pas chercher au delà de cet idéal. La vélocipédie immobilisée se rouille et s'endort, et commencent là, pour elle, trente-cinq années de léthargie !

La voie que suivait le vélocipède, passant par le célérifère, la draisienne et le hobby-horse, était la bonne : elle était droite et simple. Il bifurqua au premier écart dans ces ornières de complications et d'excentricités, où pendant des siècles déjà il avait peiné. Encore les traces qu'il a laissées à cette époque sont-elles si rares qu'il faut à l'Histoire, de cinq années en cinq années au plus, faire la navette de France en Angleterre pour retrouver le passage vite effacé de quelque invention éphémère.

Les *Petites Affiches de Dijon*, du 25 août 1818, racontent « l'essai d'une *machine à voyager*, fait sur la place Royale de Dijon, par un sieur Lagrange, tourneur à Beaune, qui a réussi et étonné les spectateurs ».

Puis rien, la source tarit. Il faut partir à Londres, consulter l'*Imperial Magazine,* à la date du 31 mai 1819, pour tirer de la poussière, dessins originaux à l'appui, un *Facilitator anglais* ou *Car de voyage,* inventé par B. Smithe, de Liverpool, le 25 janvier précédent. A titre de document, non d'agrément certes, voici la description que donne le journal, de cette machine qui n'a jamais roulé que dans la cervelle de son auteur :

« Fig. du haut, en plan : deux pédales sur lesquelles tout le poids du corps et la force des genoux sont employés ; deux grandes roues latérales supportant le véhicule ; deux petites roues ou tambours, sur lesquels passent des bandes de cuirs

destinées à faire tourner les roues motrices. Une
petite roue directrice; pour virer, cette roue
tourne dans un cadre de fer qui tourne lui-même

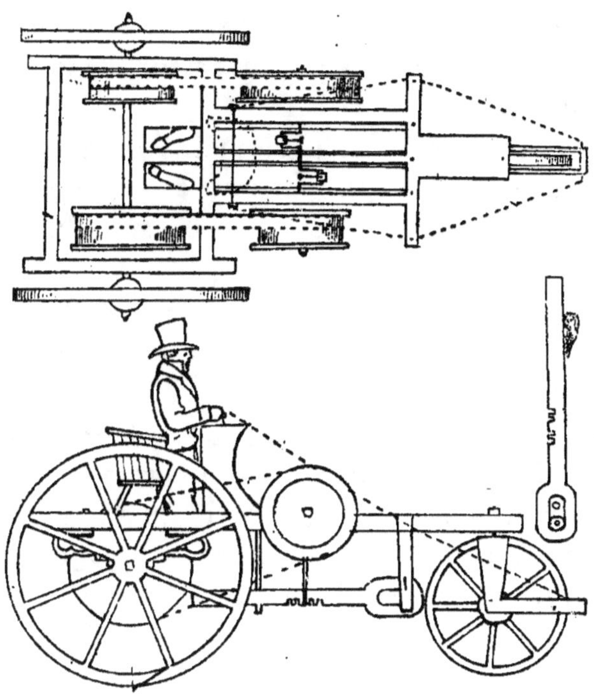

Le Facilitator.

sur un pivot, lequel traverse le guidon. Le cavalier fait tourner cette roue à droite en tirant
à lui le cordon de droite qui traverse le guidon
à droite; elle tourne à gauche lorsque la personne tire à elle le cordon gauche qui traverse
le guidon à gauche. Les autres bouts des cor-

dons sont attachés à un petit guidon qu'on tient des mains et qui tourne aisément.

« La fig. de droite est une vue de côté d'une des bielles. La partie découpée tourne sur un pivot, glisse en avant et en arrière et fait tourner les bielles qui donnent le mouvement d'évolution aux roues.

« Les deux tambours places sur l'axe des roues motrices sont en deux parties; ce système sert dans une descente de côte : en faisant glisser le cuir de l'une à l'autre des parties de chaque tambour, on paralyse le mouvement des pédales et le cavalier n'a plus à s'occuper que de la direction de la machine. »

Repassons la Manche. C'est en 1838! A Bordeaux, place des Quinconces, un grand succès! Un bonhomme, qui n'a pour vivre qu'une antique draisienne, a adapté à l'avant de son gagne-pain une petite sellette, sur laquelle, pour 10 centimes le kilomètre, il promène devant lui un bébé! La draisienne s'est faite voiture aux chèvres.

Voulez-vous, retournons en Angleterre! — Un M. Richard Merryweather vient d'y inventer une voiture « manumotive » perfectionnée en avril 1839, par un M. Revis, de Cambridge, sous le nom d'*Aellopode*, nous affirme le *Mechanic's Magazine* :

« La gravure représente une paire de roues légères (l'une d'elles est supprimée ici) ayant 6 pieds

de diamètre. Un encadrement en bois est suspendu à l'axe des grandes roues. Sur un bout de
ce cadre est adapté un siège, et sur l'autre bout se
trouve la roue directrice; elle mesure 2 pieds
6 pouces de diamètre à peu près. L'axe des roues
motrices est muni de deux manivelles placées

Voiture manumotive.

en face l'une de l'autre. La personne s'installe
sur le siège de derrière et fait avancer le tricycle
en tournant les manivelles avec les mains. Au-
dessus de la petite roue, il y a une barre droite, à
laquelle sont attachées deux cordes qui, s'enga-
geant dans des poulies, aboutissent à deux espèces de pédales servant à conduire la machine;
quand on appuie sur celle de droite, la petite
roue directrice tourne à droite, et *vice versa*. Si

une deuxième personne monte, elle s'assoit devant et peut aider l'autre cavalier à manœuvrer les bielles. »

Et suit ce jugement, plutôt bienveillant, d'un amateur de l'époque : « J'ai eu l'occasion de monter cette machine et j'en ai conclu que, pour donner de l'exercice au corps, elle n'était pas précisément mauvaise; mais pour voyager, je vous avoue franchement que je préfère la diligence. »

Le Pédocaèdre.

Vous m'avez deviné, il faut rentrer à Paris maintenant ! Quinze ans sont passés ! Un M. Davies, jugeant trop aisée la solution de l'équilibre d'une personne sur deux roues, s'est ingénié à jucher deux personnes sur une roue ! Le 13 mai 1853, il prend un brevet pour une sorte de véhicule « que deux hommes de même poids, dit-il, assis des deux côtés de la machine, peuvent faire marcher en tournant deux manivelles ». — Votre partenaire était-il plus léger que vous ? Vous lui bourriez les poches de petits cailloux, jusqu'au contrebalancement...

Puis, en 1855, lors de la première Exposition

universelle, un carrossier français exhibe une très originale conception, un *Pédocaèdre*. La machine est simple comme un cerceau d'enfant : une grande roue traversée en son axe d'une longue tige de fer, et deux selles. Les deux gymnasiarques, nécessairement ici encore d'un poids identique, sous peine de petits cailloux, poussent à grands pas l'instrument et profitent de l'élan pour s'installer en selle; au premier ralentissement, ils redescendent, repoussent et remontent, indéfiniment. — On ne construisit jamais deux pédocaèdres.

Un vrai cri de soulagement : enfin Michaux survient! Michaux était un serrurier en voitures de Paris, doué d'un esprit observateur et ingénieux. Une matinée de 1855, chargé de la réparation d'une de ces rares draisiennes que quelque fanatique avait encore le courage d'exhiber à l'ironie publique, il examina longtemps la bizarre machine. On a souvent parlé de la subite illumination de Michaux entrevoyant comme dans un truc de féerie la divine paire de manivelles qui devait révolutionner ou plutôt créer la vélocipédie : la vérité, plus simple et plus élogieuse, est que Michaux travailla et qu'il chercha longtemps avant de trouver.

Faisant lui-même l'essai de cette draisienne, il

constata la nécessité qu'il y avait d'entretenir et

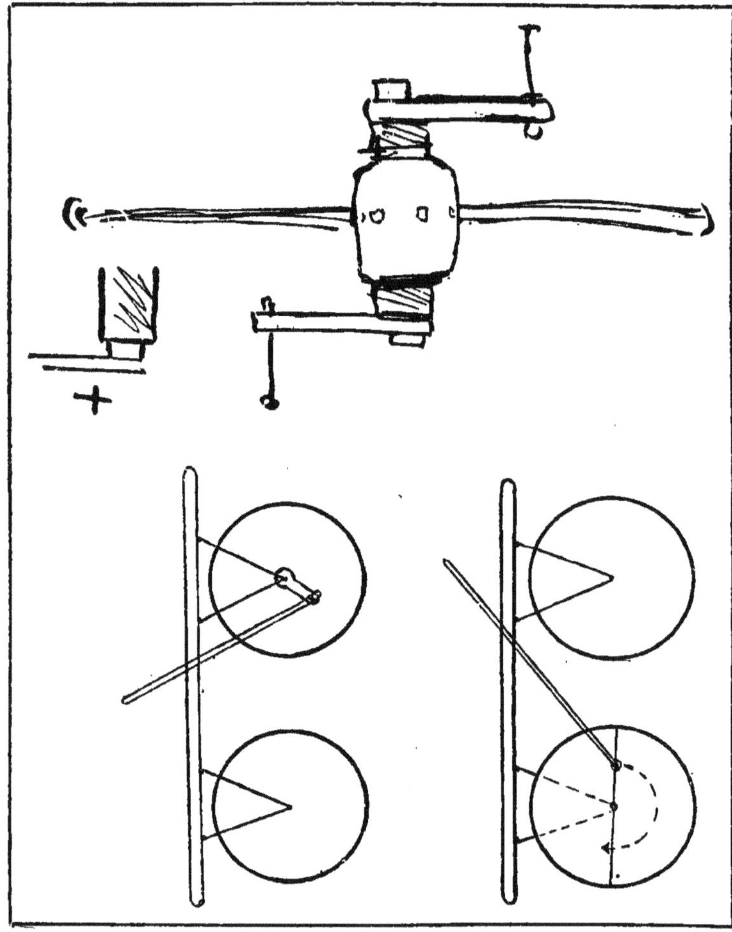

Croquis attribués à Michaux (d'après la Revue allemande).

même de produire la vitesse sans recourir à l'expédient grossier du pied plaquant le sol.

Son premier projet consistait en une longue barre de bois, adaptée à l'un des rayons de la roue

de derrière, formant un levier que le cavalier ma-
nœuvrerait d'une main tandis que de l'autre il se
dirigerait. — Vite effacée, cette esquisse fut remplacée par celle-ci : la barre de bois, changée de
place, rejoindrait par un coude l'axe de la roue de
devant. Les secousses du levier seraient plus
douces, mieux rectifiées par le cavalier puisqu'elles
porteraient sur la roue directrice même, moins
discordantes avec l'équilibre. — Mais la déduction
curieuse de cette proposition vélocipédique fut que
rien ne devenait plus inutile et plus gênant au vélocipédiste que ses jambes. Où les mettre ? —
L'idée surgit aussitôt à ce méthodique, qui montait
une à une les marches de la logique, de mouvoir
par le pied la pièce coudée qu'il avait calculée, au
premier instant, mue par une barre.

La manivelle était inventée. Du moins, la meule
à repasser, chez qui seulement jusque-là elle était
en service, venait-elle de la céder à la vélocipédie.

La pédale, un énorme clou, fut plantée à angle
droit dans l'extrémité de chacune des manivelles,
et Michaux, inquiet, essaya le premier *vélocipède*
du monde, cherchant son équilibre, zigzaguant.

La trouvaille de Michaux ne lui fut pas attri-
buée sans polémique. Dès qu'on devina de quels
coups de fortune ses coups de pédale étaient ju-
meaux, on lui chicana l'idée. Le second acte se
joue ici de cette pièce sans chute de rideau dans
l'histoire de la vélocipédie, où chaque invention

importante a son roi couronné et son prétendant
à la couronne. Du moins ici la scène est-elle inté-
ressante par la haute valeur des deux rivaux.
Michaux ou Lallement? Chacun a ses partisans.
La vérité semble être que les deux constructeurs
travaillèrent longtemps dans deux voies parallèles,
ignorants l'un de l'autre, sans se croiser, sans rencontrer non plus une chance égale. Toutefois, il
est avéré que le second fut ouvrier du premier
vers 1863.

Pierre Lallement, né à Pont-à-Mousson, était
ouvrier carrossier. La vue d'un cheval mécanique
lui donna l'idée de *manivelle à pied*. Il fit d'abord
son essai sur une voiture à trois roues et réussit.
Aussitôt il songea à appliquer son système à une
mauvaise draisienne qu'un brocanteur de Nancy
lui vendit à bon compte. Les pédales étaient élé-
mentaires, de simples bobines de buis traversées
d'une tige de fer; mais le tout roulait, avec un peu
de jarrets et beaucoup de bonne volonté. En 1863,
sur les conseils de ses camarades, il vint à Paris
et osa monter ce rudiment de vélocipède en plein
boulevard Saint-Martin. Ce fut une grande journée pour la badauderie parisienne, et un grand
désespoir pour Lallement. Les quolibets le tinrent
désormais enfermé chez lui. Il commençait sans
intérêt un second bicycle de plus fin travail que
le premier, lorsque le découragement le prit. Il
quitta la France avec ses pièces inachevées, pour

s'établir en Amérique, à Ausonia (Connecticut).

A moments perdus, il recommence l'assemblage de sa machine, la termine en 1866. A Newhaven, où il la produit dans un parc, il n'obtient d'autre résultat que de se faire mettre au violon ! Alors il s'associe à James Carrol, prend avec lui un

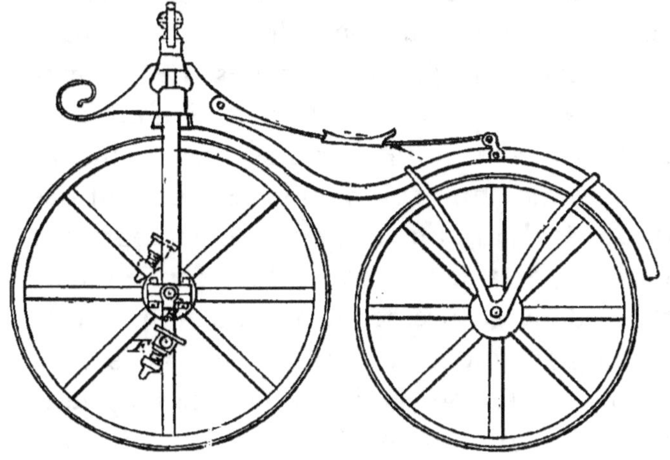

Le vélocipède de Lallement, d'après l'*Energy and Cycling Locomotion*

brevet, mais, après mille démarches infructueuses pour se procurer une commandite, revient à Paris, abandonnant à New-York son petit mobilier et jusqu'à son véhicule.

A Paris, au dire de ses partisans, il trouve son idée accaparée par Michaux. Michaux l'a perfectionnée par un rien, mais un gros rien, un frein ! C'est une palette de fer qui vient, à la volonté du veloceman, frotter sur la partie extérieure de la roue de derriére. Une corde relie cette palette au gouvernail et l'actionne en s'enroulant autour de lui.

Mais l'Exposition de 1867 a révélé aux curieux le sport nouveau. Le commerce vélocipédique est amorcé : on exporte déjà des machines en Angleterre au taux, entrée comprise, de 25 livres sterling, 625 francs ! Il y a bien place pour deux. Lallement reprend la fabrication des vélocipèdes. Le premier il publie des catalogues ; il fait, cet enfantillage aujourd'hui, des machines sur mesure, demandant avant d'exécuter une commande la longueur des jambes du cavalier ; enfin il apporte une importante modification à la tenue des velocemen en leur recommandant de presser la pédale non avec le milieu du pied comme c'était l'usage, mais avec la plante, — car, pour arriver à la jolie bicyclette moderne, il a fallu, depuis la tête à billes jusqu'à la façon de poser le pied, morceau par morceau, tout inventer.

Pendant ce temps son associé, James Carrol, propageait la vélocipédie en Amérique. Bientôt il vendait le brevet à un spéculateur qui ne toucha pas moins, pendant de longues années, de 100 francs par machine fabriquée ; et Lallement reçut pour sa part, après un procès toutefois, une somme de 10 000 francs. Ce fut là pour lui tout le profit d'une invention qui fit des millionnaires. Il disparut du monde vélocipédique en 1870, alors que

Michaux avait fondé la plus importante fabrique de l'époque, la maison Michaux et Cie, plus tard Compagnie Parisienne, qui employait 500 ouvriers dans des terrains de plus de 10 000 mètres.

La raison du plus heureux est toujours la meilleure : Michaux est donc l'inventeur authentique de la manivelle.

☙

Michaux et Lallement avaient lancé le vélocipède. Dès 1865 le bruit se répand de pays en pays qu'un sport de jeunesse et d'adresse, une mode, presque un mode de transport nouveau, vient d'être consacré par Paris dans la vie joyeuse de l'Empire. Les véhicules inconnus sont expédiés dans toutes les grandes villes curieuses.

A Marseille, M. Rousseau, président du Vélo-Sport, témoigne d'une remarquable intelligence de la vélocipédie et d'une plus étonnante ardeur. En 1867, il construit un « trimonocycle », voiture à deux roues actionnée par trois cavaliers chevauchant sur chacune d'elles. En 1868, il fabrique un vélocipède à roues de fils de fer tendus, à forts rayons, devant lequel les Marseillais haussent les épaules. Enfin, avant tout autre, il ouvre un magasin de location qu'il voit vite s'entourer de concurrents, les Michaux, les Favre, les Ripert.

En Russie, une bizarre modification atteint le vélocipède dans son arrière-train. La roue d'arrière est supprimée et remplacée par une paire de patins. La roue d'avant est garnie de pointes, ferrée à glace. Là-dessus, la théorie prétendait que l'on devait produire de vertigineuses vitesses sur les rivières gelées. Deux sportsmen questionnèrent la pratique [1] : deux fils de famille, en février 1868, entreprirent une course de 40 verstes

Le vélocipède à patins.

(42 kilom.) sur la Perspective Newski, du pont de Pierre aux îles de l'embouchure. L'un d'eux, au départ, prit rapidement l'avance par une chute qui lui fit faire une glissade de près de 100 mètres terminée dans un trou. Le Vélo-Patin finit par un rhume.

La vogue du vélocipède fut telle que le roman lui ouvrit ses feuillets et le lança en pleine fantaisie. Un Portugais publia en 1867 à la librairie du *Petit Journal* dans le *Château de Robert mon oncle*, un projet de vélocipède qui marchât tout seul. Il prétendait l'avoir expérimenté et, en une matinée, avoir parcouru la distance de Santarem à Lisbonne, plus de 100 kilomètres. — « Figurez-

1. *Le Vélocipède illustré*, fév. 70.

vous, dit-il sans rire, un corps de cheval monté
sur des roues très légères. Dans le corps du cheval, aussi gros que nature, sont renfermés des
ressorts d'acier très puissants dont les forces
s'ajoutent et se manifestent de façon à ne pas dépasser un maximum d'intensité, mais à le conserver le plus longtemps possible. On ploie, on
comprime une barre métallique fixe qui tend, en
vertu des lois de l'élasticité, à reprendre sa forme
et sa position première. Cela produit une poussée
qui fait marcher la montre 15 jours, un mois et
davantage. Il fallait déployer une force persistante
pour en tendre les ressorts, et cette opération du-
rait près d'une heure. Mais voici en quoi résidait
surtout la beauté de l'invention : il était facultatif
au cavalier de suspendre le jeu des ressorts et la
déperdition des forces. Il s'arrêtait alors naturellement si la route était horizontale. Mais pour
peu qu'il fût lancé sur un plan descendant, sa
course se prolongeait plus ou moins suivant l'in-
clinaison. Que la pente fût très rapide et il arrivait à une telle vitesse qu'il était obligé d'user d'un
frein spécial qui était à sa portée. Or l'action du
frein avait cela de merveilleux qu'elle remontait
les ressorts et emmagasinait des forces nouvelles.
Cela est trop logique pour que je vous l'explique
longuement. Le frein dans cette affaire était la
marque du génie. » Le plus merveilleux est
qu'une semblable mécanique ait jamais pu mar-

cher; mais le chroniqueur ajoute : « Il est vrai
que la route parcourue était tout du long incli-
née vers le but du voyage. » — Cette intermi-
nable descente donne la solution du problème

Enfin, le 27 juin 1868, un habitant de Bilbao,

Un toréador à vélocipède en 1868 (d'après M. Gébert).

M. Batisto de Leguina, signalait au *Monde Illustré*
qu'un vélocipédiste, véritablement enragé, avait
dans une course de taureaux, attaqué un novillo
la pique à la main, faisant de gracieux circuits,
autour de la bête furieuse pour la prendre de front.
Le correspondant ajoutait avec candeur : « Ne
pourrait-on pas supprimer le hideux éventrement
des chevaux en remplaçant les malheureux ani--
maux par des vélocipèdes ? »

Remplacer le cheval! Le pauvre vélocipède de bois, orgueilleux? — Sa longue enfance était finie : les premières lueurs d'ambition annoncent la venue de l'adolescence.

CHAPITRE II

L'ADOLESCENCE DE LA VÉLOCIPÉDIE

(1869-1870)

Succès extraordinaire de la nouveauté. — Les premières persécutions. — Les premiers perfectionnements : roues suspendues, bandages de caoutchouc, coussinets à boules d'acier. — Les monocycles, les bicycles, les tricycles d'avant la guerre de 1870. — Le voloceman de l'époque. — Les courses de 1869. — Les « amazones ».

L'année 1869 fut l'année de pleine et vigoureuse adolescence de la vélocipédie, l'année de sa libération et de sa majorité, l'année des petites persécutions et des grands travaux d'où est sorti si fortement trempé ce nouveau sport d'acier. Le monde vélocipédique s'embrase soudain d'une grande flambée de foi qui lance des flammèches de propagande aux plus éloignés villages de France, jusque même aux villes d'Angleterre et d'Amérique. Partout on se met à l'œuvre, on cherche, on tâtonne, on perfectionne! En une seule année il

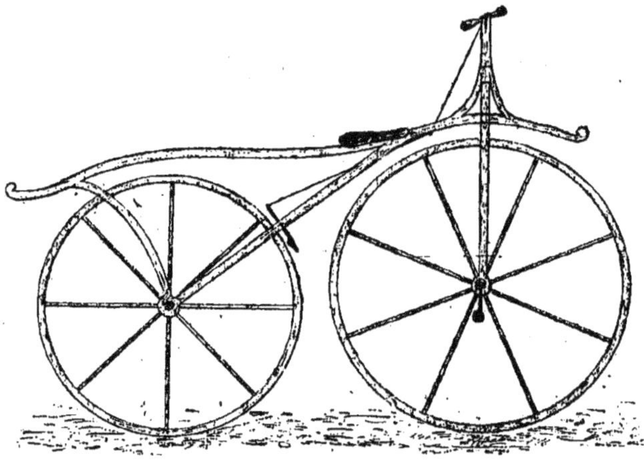

Le bicycle, fin 1868.

va falloir, alors que quatre-vingts ans ont été né-

Le bicycle, fin 1869.

cessaires pour conduire le célérifère au vélocipède
de bois, conduire ce même vélocipède pesant au

bicycle léger, transformer ce travail de charron
aux roues cerclées de fer, en une œuvre de mécanicien aux ajustages finis sur le tour, et composer
le dossier de toutes les découvertes, rayons de fer,
billes d'acier, jantes et pédales caoutchoutées,
selles suspendues, que les constructeurs de la suite
pousseront au chef-d'œuvre.

La vélocipédie eut dès 1869 les honneurs de la
persécution. C'est peut-être dans ces tracasseries
qu'elle puisa sa prodigieuse activité. Dès qu'elle
haussa la tête, ce ne furent dans le profane que
mains levées pour la lui abattre. Le premier coup
de poing qui fit ployer ses frêles rayons vint de
M. Sarcey, qui sollicita de la police, dans la
France de mai 1869, de supprimer « cette excentricité dont il ne voyait nullement l'avenir ». La
police l'entendit et profita d'une occasion pour faire
la sottise demandée : le mois suivant, M. Pascaud,
de la maison Turner et Cie, s'étant, au coin de la
rue Saint-Antoine, pris aux roues avec un cocher
de fiacre en maraude, fut déféré aux tribunaux; et
avec lui fut amenée à la barre cette question de
grande envergure : Un vélocipède a-t-il le droit
de circuler sur la voie publique? Ce baiser Lamou-
rette d'un vélocipède avec un fiacre devait coûter
cher au sport! Le tribunal, « attendu que l'article 113
de l'ordonnance du 25 juillet 1862 proscrit dans

3.

les rues les jeux de quilles, palets, tonneaux, etc. »,
condamnait mon dit Pascaud à un franc d'a-
mende et ma dite vélocipédie au bannissement!

Aussitôt la province, aux attitudes de guenon,
de singer la capitale! Un homme d'esprit dont
l'histoire a grand chagrin d'ignorer le nom, le
maire du bourg obscur de Luc, en Provence, interdit la circulation dans ses États de tous les vélocipèdes, « sauf de ceux qui seront conduits par
une personne à pied ».

Le 17 février 1869, le *Gaulois* faisait une grave
déclaration de principes : « Les vélocipédistes sont
des imbéciles à roulettes. » — Un abonné demandait aussitôt : « Monsieur le rédacteur, je suis vélocipédiste, faut-il me fâcher? » — A quoi le
journal têtu répondait : « Monsieur, vous n'êtes
pas un imbécile puisque vous êtes abonné du
Gaulois, mais tel qui fait œuvre sensée quand il
va à pied ou monte en voiture, fait œuvre imbécile quand il grimpe en vélocipède. » — Alors le
journal *le Parlement,* partisan exalté, ripostait
par cette seule exclamation : « O vélocipède, cha-
meau de l'Occident! »

Le 15 août 1869, un membre du Corps législa-
tif propose, — sans doute pour enlever à M. Cla-
ment en 1890 la priorité de l'idée — d'imposer
les vélocipèdes de 50 francs par an. L'impôt n'est
pas voté; le régime de la vélocipédie est au contraire quelque peu adouci, de quel adoucissement!

On autorise bien au Pré-Catelan les courses de ces instruments terrifiants, mais l'entrée du bois de Boulogne est interdite à tout vélocipède qui n'est pas en fiacre (*sic*), et le retour du Pré-Catelan n'est permis qu'à partir de 7 heures du soir.

Enfin, en mars 1870, Mme de Puyparlier demande la séparation de biens d'avec son mari et appuie sa requête de ce motif principal : « Mon mari est fou. En doutez-vous? Mais la seule preuve en serait qu'il monte à vélocipède ! » M. de Puyparlier avait en effet loué une ancienne église, garnie par lui de plusieurs étages de petits appartements où il montait, en bicycle, sur un plan incliné. Au cours du procès, tandis que le tribunal discute avec le directeur de Charenton et l'avocat Jules Favre, M. de Puyparlier sort de la salle sous prétexte d'aller donner des explications à ses juges, et court enfourcher son vélocipède. On ne l'a jamais revu.

Au reste, l'exemple de l'amour du vélocipède venait des Tuileries : le *Radical*, haineux des choses impériales, prétendit que le petit prince « ruinait sa famille en vélocipèdes ». A quoi le courtisan Ravenel riposta par ces vers empesés par le bon sens :

> Pour le former à la souplesse
> Dans le grand art de gouverner,
> Le vélocipède ne laisse
> Aujourd'hui rien à désirer.

> Assis sur la sellette étroite,
> Savoir à propos incliner
> Ou vers la gauche ou vers la droite,
> Et sur le centre s'appuyer;
>
> Pour conserver son équilibre
> Être toujours en mouvement,
> C'est l'image d'un peuple libre
> Et d'un meilleur gouvernement.

Ce n'était pas encore atteindre au lyrisme du barde de la vélocipédie, M. P. Mauriac, qui s'écriait en contemplant sa machine de bois :

> Et l'homme désormais, suivant les hirondelles,
> Peut crier aux oiseaux : « Me voici! J'ai des ailes! »

Toutes les intelligences jeunes escaladent alors la question vélocipédique. A Paris, un grand centre se forme, près de la Bourse, qui a son cercle, le *Véloce-Club* et son journal, le *Vélocipède illustré*. A Grenoble, une autre feuille spéciale s'épanouit, le *Vélocipède;* hélas! ils ne sont que deux confrères, ils se battent et s'envoient les plus pesants articles à la tête! Aussitôt surgit à New-York un troisième larron, *the Velocipedist,* qui s'efforce d'attirer la clientèle par une suite de propositions baroques : adaptation de chasse-pierres aux vélocipèdes, construction de voies à rainures, installation de gardes de la voie, etc.

Sur les boulevards, les camelots vendent pour trente sous un jouet qui fait fureur, un vélocipédiste équilibré par deux poids, qui se promène le long d'une corde. Le gymnase Paz, dans la rue des Martyrs, donne des leçons de vélocipède et vend des machines. Une maison de chaussures de la rue du Temple prend l'enseigne : « Au Vélocipède »; et le dimanche, au Pré - Catelan, c'est, devant les machines exposées, un long défilé de collégiens en extase, qui tiraillent leurs parents, voudraient être grands et riches, et s'aligner avec les

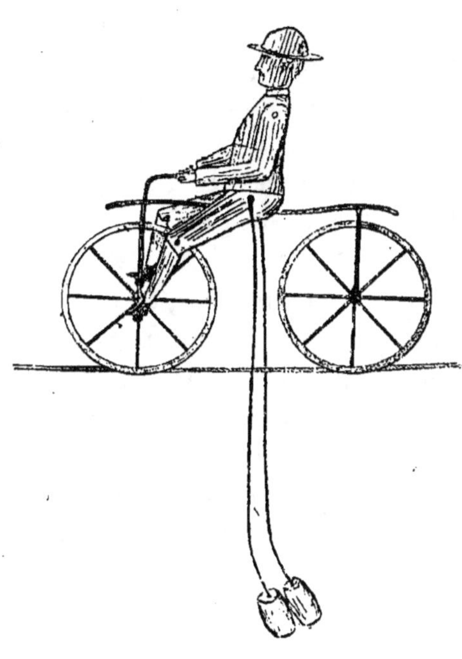

Le jouet de 1869.

coureurs dont ils voient passer rapidement près de la corde d'enceinte les vestes de couleur.

Les théâtres exhibent déjà des professionnels réputés : un aéronaute, du nom de Braquet, étonne les Bordelais par des ascensions exécutées sur un grand trapèze suspendu sous la nacelle du ballon et sur lequel il se tient en vélocipède.

Le 25 août 1869, le professeur américain Jenkins traverse en bicycle, sur une corde tendue, les chutes du Niagara, à l'endroit même où Blondin les avait passées, portant un homme sur le dos.

L'Italie elle-même donne à cette époque des signes d'intelligence sportive et enguirlande les vélocipédistes de ses épithètes les plus fleuries et de ses plus suaves superlatifs. Ce ne fut qu'en 1869, au carnaval de Modène, que le public italien vit pour la première fois un vélocipède. Un nommé Vellani Raimondo, horloger et fabricant de poids et mesures, avait bien, dès 1863, conçu l'idée de construire une sorte de carrosse à trois roues, mu par les jambes et qu'il utilisait de bourg en bourg à sa vérification des poids ; mais il s'était toujours écarté de la foule, craignant une réclame qui aurait pu ne lui rapporter que des moqueries. Mais à la suite d'une promenade qu'il fit de Modène à Bologne avec une vitesse de 8 à 10 kilomètres à l'heure, il excita tout le long de la route une véritable admiration ; un amateur de Bologne vint même le trouver à Modène pour lui acheter 200 lires (ou francs) sa merveilleuse invention. Vellani Raimondo et Martinello Nisandro sont dès lors les constructeurs cotés de l'Italie, qui, pour 100 à 150 lires, donnent des véloces « du système français, marchant bien ».

L'Amérique enfin eut cette année 1869 véritablement la fièvre de vélocipédie. Elle ne prend pas

Une invention américaine de 1869, d'après *l'Energy and cycling locomotion*.

moins de trente brevets vélocipédiques en six mois seulement! Les journaux spéciaux de France sont envahis de projets, de croquis et d'essais d'au delà de l'Atlantique. Chaque paquebot apporte de New-York des ballots de conceptions abracadabrantes, de discussions, longues comme la traversée, sur le point d'application d'un levier ou la résultante des forces déployées par le veloceman. Mais une fois parcourus en riant ces extraordinaires casse-tête de mécanique, qui aiguillent souvent le raisonnement sur des rails de folie, il faut reconnaître que la vélocipédie eut dans les Américains et les Anglais de remarquables éducateurs et qu'elle doit à leurs mains pratiques, sinon la vie et les os qui sont français, du moins en grande partie le dégrossissement, l'élégance, les mille améliorations qui en constituent le charme aujourd'hui.

Le triage est long à faire, du bon et du mauvais, dans les petits tas de systèmes nouveaux que cette année féconde déposa à la porte des constructeurs méfiants. Il est curieux d'y chiffonner un peu, sans dédain, avec égards même, je ne dis pas avec des pincettes d'or, mais sans crochet, car tous ces documents sont encore si empreints de bonne foi et écrits d'enthousiasme que leur aberration même est respectable.

Les premiers efforts portèrent sur les roues.

Depuis 1866, un Anglais les construisait en fer, de par la loi qui veut que l'Angleterre copie en fer ce que nous imaginons en bois. Elles étaient formées d'un cercle métallique plat, percé régulièrement de trous par lesquels chacun des rais, une longue barrette de fer, passait sa tête, rivée ensuite. C'était plus lourd, mais plus robuste, l'eau n'avait guère d'action sur un tel assemblage, elle ne le gonflait ni ne le déformait comme son opposé de bois ; la

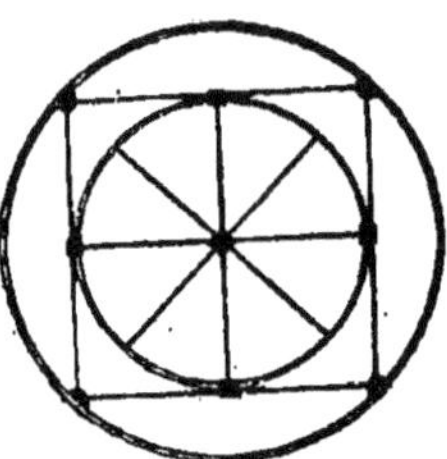

Roue bordelaise.

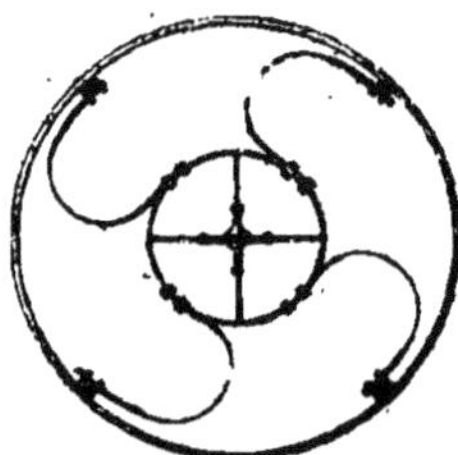

Roue tourangelle.

pluie lui apportait de la rouille, mais pas de jeu.

Ces roues néanmoins passèrent dans la pratique à la majorité, mais non à l'unanimité, des constructeurs. Tout le monde ne prit pas gaiement son parti des épouvantables secousses que de telles roues communiquaient à l'appareil. Le terrain n'avait pas une petite pierre, une microscopique ornière, le moindre plissement de peau, que la rigide circonférence n'enregistrât la vibration. La colonne vertébrale du cavalier était désespérée. On chercha des remèdes compliqués.

Un Bordelais propose une roue savante, composée de deux cercles inscrits l'un dans l'autre et réunis par quatre tangentes d'acier souple.

Un tourangeau remplace les tangentes par quatre moitiés de ressorts de voiture.

Enfin un Parisien suspend le cercle inscrit à une douzaine de ressorts à boudins trapus, montés sur une tige.

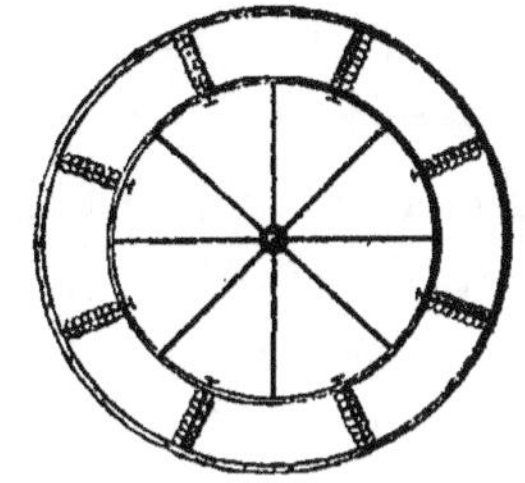

Roue parisienne.

Mais voici un colis d'Amérique : une roue dont la jante, ô merveille, est articulée ; les rayons complaisants, d'acier extra, se prêtent à tous ses caprices !

Toutes ces suspensions, à croire les auteurs, anéantiraient les vibrations, dévoreraient les secousses, et le veloceman monterait un vélocipède de coton !

Roue américaine.

Mais la vérité fut plus cruelle : ces roues composites avaient un tel poids que la jambe se fatiguait encore moins de la roue primitive et préférait sa brutalité légère à cette douceur pesante ; elles avaient de plus une telle fragilité, les aciers devaient être si adroitement trempés, chaque articulation si bien finie à la main, qu'on songeait tout le long d'une promenade à la délicatesse du travail d'horlogerie sur lequel on était assis, et qu'on roulait en réalité sur deux chronomètres.

On comprit vite que l'atténuation des chocs ne pouvait pas, pratiquement, dépendre de la complication des roues. La roue de bois fut désormais chez nous préférée à la roue de fer, « quand elle était bien faite ». — On exécuta même des roues pleines en bois ! — Et l'on chercha une suspension moins fragile que celle des ressorts.

C'est une roue de bois qui eut les honneurs du premier essai de caoutchouc.

Le 7 août 1869, à Carpentras, et le 9 du même mois, à Sorgues, un Lyonnais, M. Thévenon, gagne tous les prix dans les courses locales !... Est-ce donc un si beau jarret que ce monsieur ? On l'examine, on examine sa monture. Horreur ! Les roues de son bicycle sont entourées de caoutchouc ! Qu'est-ce cela ? En voilà une irrégularité ! Les concurrents malheureux de demander aussitôt que le gagnant soit disqualifié « parce qu'il n'est pas loyal de se servir d'un véloce à roues cerclées de caoutchouc qui, en se moulant sur les obstacles où les autres coureurs viennent butter et perdre leur élan, donne au contraire une accélération de vitesse à la marche du cavalier ». — Mais les règlements de courses n'acceptent heureusement pas cette réclamation rétrograde et prient les grincheux, s'ils veulent égaliser leurs chances, de monter des véloces à roues caoutchoutées.

Il fallut bien, coûte que coûte, faire ce progrès. Mais comment adapter du caoutchouc à une roue de voiture?

On fit d'abord des bandes larges et plates qu'on enroula autour de la jante comme des rébus au-

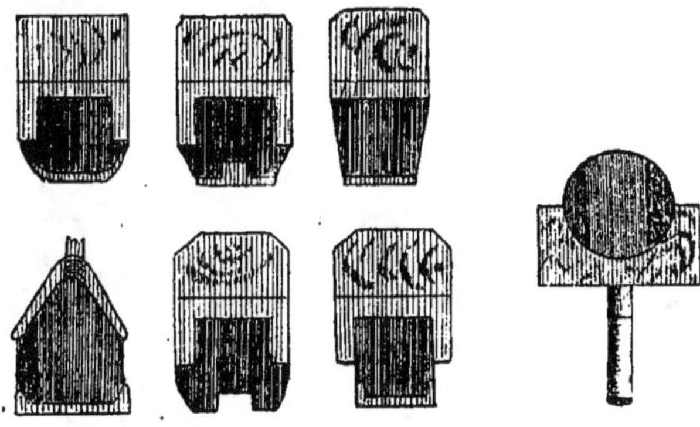

Coupes de jantes de bois caoutchoutées en 1869.

tour d'un mirliton. Puis on creusa la jante : quelques constructeurs coulèrent dedans de la gomme liquide ; d'autres taillèrent le caoutchouc en rectangles et en triangles pour lui faire épouser la forme du corridor de la jante ; d'autres le collèrent ; d'autres enfin cerclèrent les roues de griffes métalliques qui pinçaient la circonférence du caoutchouc. Tous avaient soin d'ailleurs de protéger la précieuse substance du contact du sol par un revêtement de zinc ou de cuivre.

Et ce n'est pas encore là une fameuse trouvaille,

au dire de quelques réactionnaires! Le caoutchouc s'use très vite, il coûte d'entretien « le prix
d'un cheval à l'écurie »; enfin la satanée substance
a si mauvais caractère que le froid et le chaud la
mettent également hors d'usage : à 0° elle durcit,
à 40° elle s'amollit et devient agglutinante !

Le caoutchouc pur est donc délaissé. On le

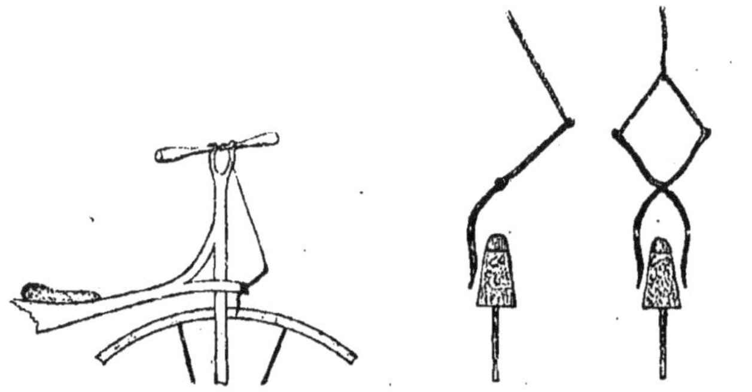

Systèmes de freins contre jantes en 1869.

vulcanise, c'est-à-dire qu'on le mêle à du soufre;
il coûte alors moins cher et résiste davantage à
l'usure. On imagine de lui donner la forme ronde,
de creuser ronde aussi la jante et d'appliquer la
circonférence de caoutchouc contre la circonférence de bois par simple tension. Les coureurs
de fond, gens prudents, emportent alors en bandoulière une circonférence de rechange !

Mais le caoutchouc n'a pas encore gagné sa
cause. On le dénigre *a priori*, sans essai. Trop
vulcanisé, il se cassera ; rond, il n'offrira pas assez

d'équilibre. Et puis comment appliquera-t-on le frein ? Un frein en métal va couper le caoutchouc comme un couteau du beurre. On s'ingénie alors à appliquer le frein sur les côtés de la roue de devant, serrant la jante, épargnant le caoutchouc. On va chercher des systèmes compliqués, assez analogues aux relève-jupes dont faisaient autrefois usage les dames. Mais ces freins-là ne serrent pas assez ou serrent trop ; ils fonctionnent quand ils le veulent bien, et quand ils le veulent aussi ils faussent la roue ! Quelle sotte idée que l'idée du caoutchouc ! Un M. Gaëtan, moins craintif, propose d'y aller carrément, de faire peser le frein sur le

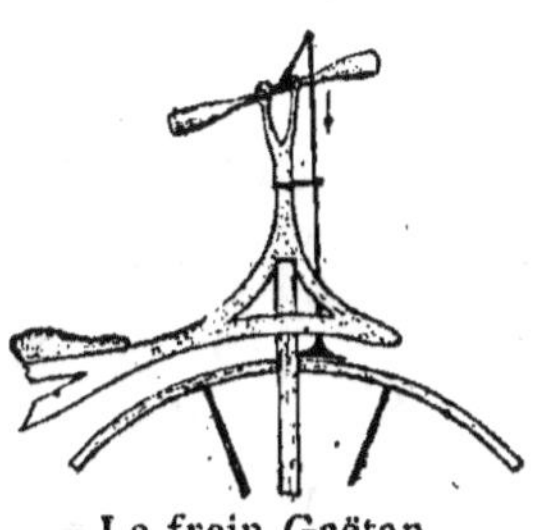

Le frein Gaëtan.

caoutchouc lui-même, perpendiculairement ! Ah ! il n'y a pas assez d'épaules en France pour faire le gros dos à son idée ! Le frein sur le caoutchouc, un couteau dans du beurre, Monsieur ! Quelle pauvre cervelle que la cervelle de M. Gaëtan !

Ne voilà-t-il pas, le 13 février 1870, que les radicaux vélocipédistes, ceux « qui aiment le caoutchouc à en manger », ainsi que le dit un contemporain, envoient à Paris une pédale caoutchoutée ? Peut-on déraisonner ainsi ? « Pourquoi pas tout le véloce en caoutchouc ? » s'exclame un Rouennais suffoqué ! — La pédale décriée était formée de caoutchouc épais et recouverte d'une plaque de cuivre destinée à en prolonger la durée. Elle était maintenue en équilibre, selon la mode, par un gland en fonte.

« Tout cela n'est pas pratique, ripostent les réactionnaires. C'est bon pour les courses ; mais pour

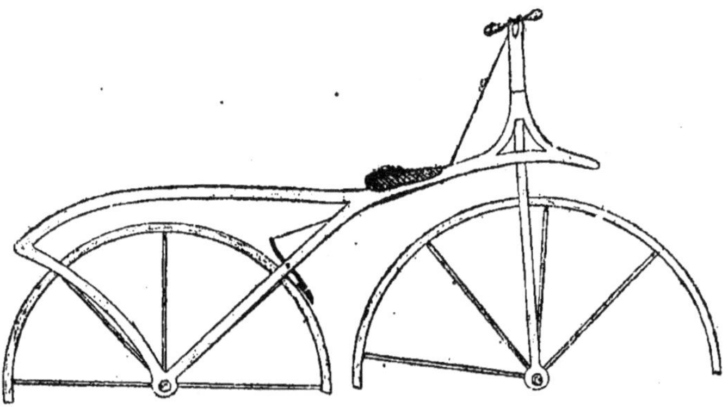

Le frein adopté en 1869.

les promenades, vivent les anciennes roues et les vieilles pédales ! Elles sont dures, elles ne font grâce d'aucun cahot, nous l'avouons, mais au moins elles sont solides et, après tout, « elles aguer-« rissent un vélocipédiste ! »

Après une telle déclaration d'amour pour le *statu quo*, on comprend la timidité qu'apporte un inventeur à proposer au *Vélocipède illustré* un volant à la roue motrice ! On comprend aussi, même après qu'il a ajouté que « les locomotives en ont et s'en trouvent bien », qu'il ne réclame pas

au sujet du silence dont on couvre sa conception,
d'ailleurs démente.

Le plus grave défaut du vélocipède Michaux
n'était pas sa fidélité à faire part au cavalier du
mauvais état dans lequel il trouvait les routes; c'était bien plus la dureté de ses articulations. Tous les roulements se faisaient métal contre métal, ou mé-

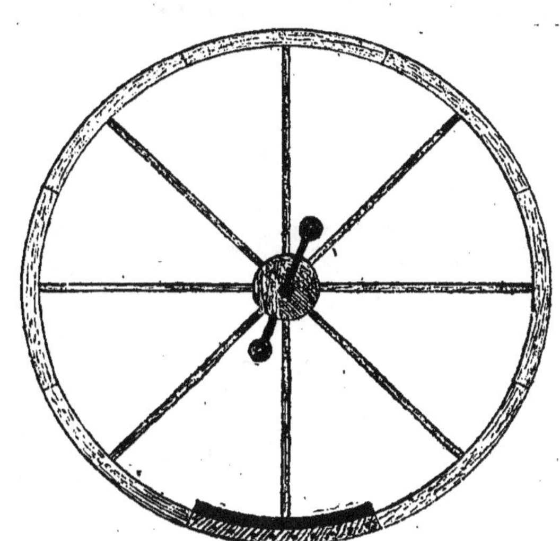

Roue à volant (1869).

tal contre bois, ainsi que dans une voiture.
Mais un vélocipédiste n'est pas un cheval : tous
les dix kilomètres, la poussière et le soleil aidant, que l'auberge balançait donc à propos son
enseigne de fer-blanc ! Il fallait pour soi un grand
verre de rhum et d'eau fraîche, et pour sa machine
une bonne rasade d'huile ! Et l'on repartait, heureux si l'ennemi microscopique des voyageurs, le
redouté petit caillou qui enraye les roues et se

4

moque des plus acharnés efforts, n'avait pas anky-
losé l'essieu et condamné le bicycle à la honte du
premier train de retour !

On prétend que, le premier, un horloger donna
un procédé qui amenât une diminution de frottement des axes. Inspiré par la vue des rouages de
montre qui pivotent sur des rubis, il construisit
de larges et épais anneaux de verre ou de cristal dont il revêtit l'intérieur des moyeux. L'échauffement de l'axe était ainsi évité, mais le roulement n'était pas sensiblement amélioré.

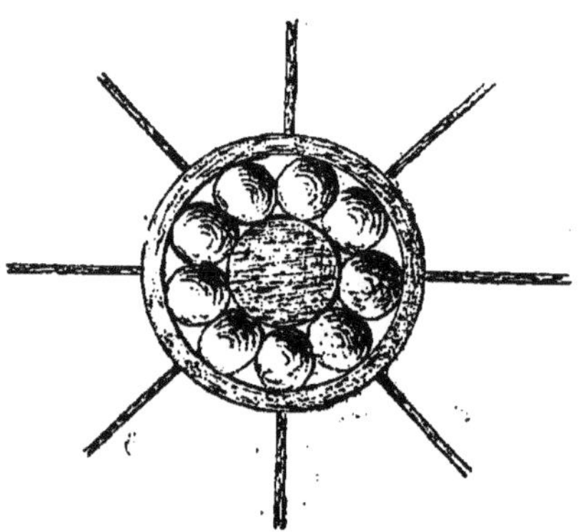

Coupe du coussinet à boules Suriray.
(1869).

Au mois d'août 1869, M. J. Suriray, constructeur, 13, rue du Château-d'Eau, prenait sous le
n° 86 680 un brevet pour des *coussinets à boules
d'acier* dont il munissait les machines soignées
qui sortaient de ses magasins. L'anneau de verre
était remplacé par un anneau de fonte, dans l'épaisseur duquel un corridor circulaire était creusé. De
petites boules d'acier, formant chapelet autour de
l'axe, couraient librement dans ce corridor et
fuyaient sous la moindre pesée. La rotation était
parfaite. C'était à croire « qu'on avait découvert

le mouvement perpétuel ». C'était là, plus simplement, une des grandes applications de la mécanique à la vélocipédie.

Car ce n'était pas une découverte. Les coussinets à boules étaient depuis longtemps employés dans l'industrie. En 1857, un M. Courtois, à Nancy, un abbé Tihay et un professeur de Saint-Dié nommé Defrance exploitaient ensemble un brevet relatif à un système de coussinets à boules, applicables aux cloches, aux meules de moulins, aux machines à battre, etc. — D'ailleurs Suriray, qui possédait une fabrique de cadres à Melun,

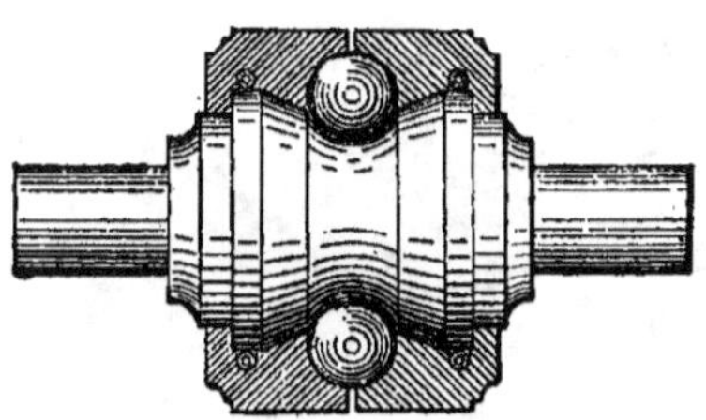

Billes américaines (1869), d'après l'*Energy and Cycling Locomotion*

avouait s'être inspiré, pour le vélocipède, du mode de roulement appliqué au volant de sa scierie.

En Amérique déjà, le 18 juin 1861, sous le n° 32 604, un brevet « of antifriction » avait été pris, qui constituait à peu de chose près la découverte de Suriray. Mais ce brevet n'avait pas vécu.

Suriray eut d'ailleurs un autre mérite, secondaire semble-t-il, mais dont un vélocipédiste sent l'importance après une demi-journée de marche : celui de perfectionner le siège du bicycle, de supprimer le hideux et malsain coussin et de construire de jolies selles. Le dernier cri du siège vélocipédique en 1869 fut la selle cannée, « douce et hygiénique », à en croire les annonces.

Et la parodie d'accourir aussitôt des Vosges, sous la forme d'une selle — nous dit l'inventeur gravement — « tournante ainsi qu'un tabouret de piano et permettant au vélocipédiste de se détourner ». — Se détourner, pour quoi faire ? Les loustics répondaient : Pour voir si la roue de derrière suit le train ! A moins que ce ne fût la selle des prétentieux qui voulaient juger par eux-mêmes de l'ébahissement qu'ils donnaient aux passants.

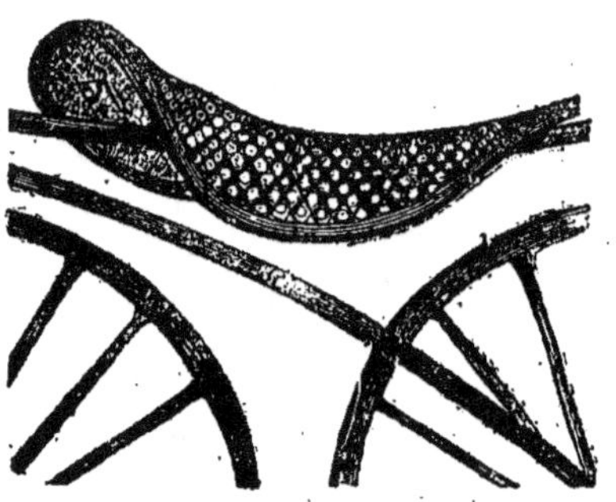

La selle de 1869.

Des nuées d'inventions s'abattent en 1869 dans le champ vélocipédique. Les journaux spéciaux, le *Vélocipède illustré* surtout, sont noirs de croquis : chacune de ces sauterelles ronge son morceau de feuille. C'est, pour la France seulement, le vélocipède inversable, le poudesfère ou tricycle mû par les pieds, l'ocydrome dont la force motrice est la pesanteur, ce sont les systèmes de Beaulavon, Reynard, Garcin, Vincent, Beziat, Bouvet, Gruet, Grand, Bertholot, Legendre, Seibert, Lettré, Monier, Dubois, Guetton, de Louvrié, Robin,

Caholy, Malfait, Harivel, Delcourt, Chevassus, Naud, Dècle, Merlin, Tourette, Saint-Loup, Seron, Germain, Roux et Cie, etc.

Sur ce grouillement d'inventeurs qui se querellent, sympathisent, se montent les uns sur les autres, font la culbute et disparaissent sous une vague, se rue une trombe d'Américains armés de systèmes compliqués, hérissés de rouages aux mille dents, criant : « Moi, moi ! Moi seul, j'apporte la lumière, le véritable, l'unique vélocipède !... »

Et dans ce chaos, goutte à goutte, tombe la pluie des Anglais, méthodiques, ne lâchant jamais un modèle dont ils n'aient calculé les chances et prévu le succès.

La caractéristique de ces inventions est leur dédain presque général pour le tricycle. Le tricycle a beau rendre des services, — on rencontrait en effet des ouvriers allant à leur travail sur de hauts vélocipèdes à trois roues, dont la motrice-directrice était immense, et les deux postérieures toutes petites, emportant dans un panier sur l'arrière-train leur déjeuner et leurs outils, — on ne l'en conspue pas moins. « Il y a, dit l'un, entre le vélocipède à deux roues et celui à trois, la différence qu'il y a entre le cheval de selle et le cabriolet. » — « Le vélocipède à deux roues, dit l'autre, est le seul qui mérite véritablement ce nom. C'est un cheval de race, tandis que le vélocipède à trois roues est une petite voiture. » Aussi, lorsqu'on voit arriver le *Podargokême* (machine aux pieds légers), voiture automatique poussée à la fois par des pédales, des manivelles et des jambes articulées « imitant et reproduisant l'action des pieds d'un cheval frappant le sol, charrette contenant cinq personnes dont trois seulement travaillent », crie-t-on unanimement à l'omnibus !

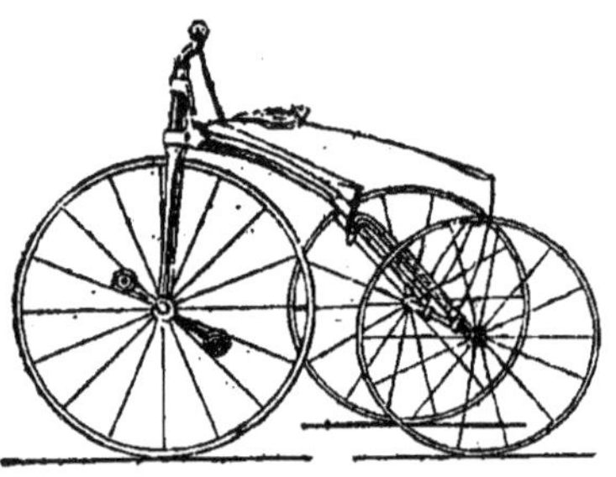

Le tricycle de 1869.

Et ce dédain du tricycle, de la machine toujours en équilibre et facile à conduire, eut cet effet dans ces cervelles chaudes, que le bicycle lui-même perdit chez beaucoup sa considération ! Deux roues, était-ce bien là l'idéal ? Pourquoi pas une seule roue ? Le croirait-on ? Ce n'est ni sur la question bicycle, ni même sur la question tricycle que les corps à corps sont le plus acharnés en 1869 et qu'on se frappe des plus singulières massues ! Le monocycle est le terrain d'acharnement, et la tribu des monocyclistes a dans les veines du sang d'anthropophages !

La bataille des monocycles fut annoncée par une trompette connue : dès les premiers jours de 1869, un grand journal raconte qu'un homme grisonnant a été vu dans les Champs-Élysées, à cheval sur un appareil compliqué dont la partie essentielle est une roue unique ! — L'homme grisonnant n'était autre que Courbet, le peintre de l'*Enterrement d'Ornans*, comme on l'appelait alors, qui cherchait l'inconnue du problème ardu du monocycle !

Fantaisie américaine, nº 1.

La nouvelle débarqua en Amérique. Par retour du courrier, elle avait une réponse. Deux modèles de monocycles sont proposés à l'admiration des Français. Les journaux spéciaux en donnent immédiatement la description, sous le nom de *Fantaisies américaines,*

Fantaisie américaine, nº 2.

à titre curieux et dédaigneux, comme des journaux de médecine donnent à leur clientèle l'image
des difformités ou des monstres qui viennent de

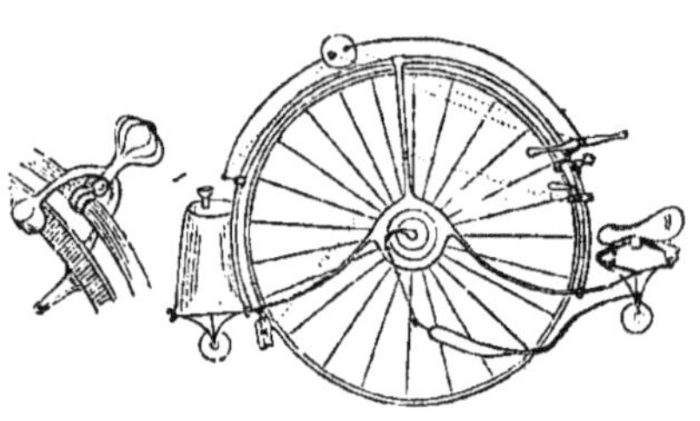

Monocycle à contrepoids.

naître. Le *Véloci-
pède illustré*, l'or-
gane le plus lu
alors, offre une pri-
me de 1 000 francs
à l'acrobate qui
viendra la chercher
aux bureaux du
journal à cheval

sur la première roue, et adresse ses condoléances
au pauvre martyr enfermé dans la seconde.

Aussitôt un Français saute dans l'arène, un modèle de monocycle
sous chaque bras. Le
contrepoids, voilà la
clé de la question!
D'un côté de la roue
gigantesque, le cava-
lier s'assied. De l'au-
tre est installée une
boîte de zinc qui ren-

Monocycle à contrepoids.

ferme de l'eau, et qu'on charge ou décharge jusqu'à ce que les deux plateaux de cette extraordinaire balance soient dans un parfait équilibre. Un mécanisme spécial sert de guidon, une
sorte de poignée articulée qui fait sur la roue

l'office du bâton de l'enfant sur le cerceau.

Vous partez en excursion. Après deux heures de marche, un besoin pressant vous fait descendre de machine. Vous le satisfaites. Vous remontez... Ah! vous voici enlevé au sommet de la roue!... Vous réfléchissez. Étourdi, vous avez omis, avant de vous remettre en selle, d'alléger le réservoir de votre machine du poids dont vous vous êtes allégé vous-même, et l'équilibre est rompu! — Deux heures après, vous déjeunez. Vous remontez à monocycle, le cigare aux lèvres, insouciant. Crac! vous voici le derrière au ras du sol!... Vite descendez, emplissez-moi d'eau le bidon de votre machine du poids égal des œufs, bifteck et fruits que vous venez d'avaler, — et, si vous avez soin dorénavant de ne pas cracher, de ne pas sucer une pastille même, sans en faire faire autant à votre instrument, continuez gaiement votre route!

Le constructeur gâta son monocycle par le changement de la boîte de zinc en un poids circulant le long d'un levier. Il le rendit banal comme une balance de chemin de fer. Cet homme ne savait pas rire longtemps.

Les hâbleurs n'avaient pas achevé de rire que l'Amérique riposta. — Les contrepoids, ridicules! Pour marcher sur une roue, faut-il s'asseoir dessus? Que non! N'est-il pas tout indiqué de s'attacher une roue à chaque pied?

Un Parisien crédule s'attacha donc une roue à

chaque pied et se lança. Dès la première enjambée, il fit le grand écart involontaire. Il était guéri du

Le double monocycle.

monocycle et déta-
cha ses roues. Un camarade les reprit, mais, plus méfiant, commença par réunir leurs axes au moyen d'une corde étroite et monta en-
suite sur les deux roues qui, sous lui, tiraient chacune de leur côté comme

deux chiens bassets accouplés. Il ne fit pas le grand écart, mais se foula les deux chevilles en tombant.

Et les dis-
cussions de s'envenimer jusqu'au cri-
me ! Le 21 juillet, un M. Martin, de Nevers, l'auteur d'un

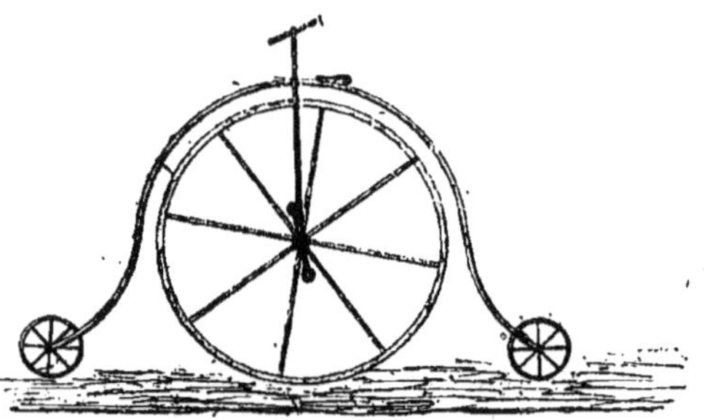

Le monocycle de M. Martin.

monocycle « à roulettes d'appui », est attendu au Bois de Boulogne par un rival, M. Darmand, et jeté dans un des lacs avec son instrument ! L'inventeur fut repêché à temps, mais la machine

séjourna dans la vase jusqu'au lendemain, assez pour faire rire les poissons des inventions humaines! Martin, paraît-il, avait, non pas volé l'idée à Darmand, mais exploité en même temps que lui l'idée semblable d'un monocycle à trois roues! Ce pelé, ce galeux devait mourir!

La galerie se délectait de ces faits divers authentiques et ultra-cocasses, que chaque semaine les journaux lui narraient. Le *Vélocipède illustré* eut le bon sens de ne prendre parti ni pour les « assassins » ni pour les « victimes » du monocycle! Tranquillement, il raille, sous le masque du juge le plus sérieux. A peine surprend-on un clignement d'yeux sarcastique derrière les lignes d'un article, comme une tête de curieux derrière une persienne, lorsqu'il fait part au monde de la dernière création monocycliste, une énorme sphère métallique dans laquelle roule un homme!

Le monocycle sphérique.

— Il rappelle Régulus, et passe!

Mais l'ironie ne découragea personne. L'artillerie monocycliste s'augmente, le 3 septembre, d'après l'*English mechanic and mirror of science*, d'un pesant système. — Deux petites roues conjuguées sont inscrites dans une circonférence de

2 mètres. Par des pédales, elles actionnent le grand cercle qui porte le cavalier; tout le mécanisme intérieur reposant sur deux poulies latérales. Mais un petit calcul de mécanique, omis par l'inventeur, démontra que, pour maintenir debout une pareille machine, il eût fallu un poids de 200 kilos aux petites roues conjuguées, et pour les actionner, la force d'un cheval-vapeur.

Monocycle anglais.

D'ailleurs il n'est pas nécessaire d'être féru de mathématiques pour concevoir que les monocycles qui perchent leur cavalier à cheval sur leur grande roue ne peuvent jamais rouler que par un suprême tour d'acrobatie. L'impériale y est dangereuse. Seuls les monocycles qui admettent le cavalier dans leur intimité, qui lui offrent une place d'intérieur, ont pu être montés, sinon par des maladroits, du moins par de plus inexpérimentés que des gymnasiarques.

Rousseau, de Marseille, le fanatique de vélocipédie, avait dès 1868 construit un monocycle à cavalier intérieur. L'instrument mesurait une hauteur de 2^m,80. Les manivelles étaient actionnées par les mains, et le départ se faisait par quelques impulsions des pieds sur le sol. — Laissons le fils de l'inventeur juger lui-même l'invention paternelle : « Cet instrument, écrit-il le 27 octobre 1881 au journal *la Nature,* n'allait bien qu'aux pentes ! » — Perfectionné, il était devenu le *monocycle français,* conservant toujours sa préférence pour les descentes.

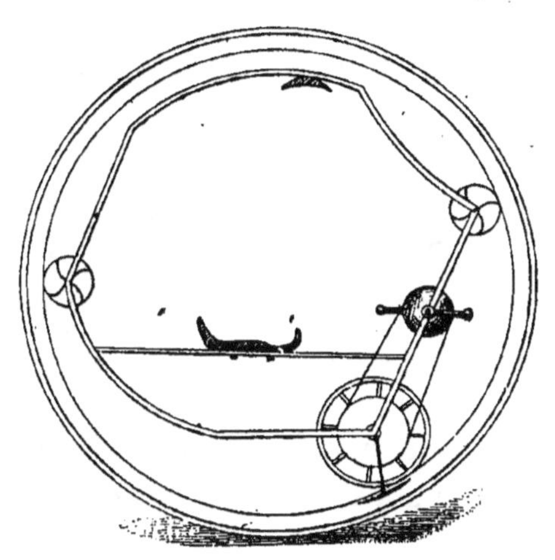

Le monocycle Rousseau.

Modifiée et mue par les pieds, mieux suspendue, la machine fut reconstruite en France au mois d'avril 1870, mais n'eut aucun succès. Que n'était-elle anglaise ?

Le mois suivant donc, un Anglais, Jackson, apportait de son île le monocycle parisien, transfiguré par quelques ressorts, un paracrotte et une lanterne, et savait manier assez habilement la réclame pour se faire donner du génie par les badauds. En juillet 1870, il figurait dans une course du Vésinet, franchissait 2 000 mètres en 7 minutes et recevait du *Véloce-Club* une médaille d'or commémorative ! — Deux ans après, le 27 juin 1872, un journal insérait cet alinéa : « On nous écrit que le monocycle Jackson est exposé à Birmingham dans le laboratoire d'un cafetier. A quoi sert d'être monocycle si l'on doit finir moulin à café ? Ce n'est certainement pas l'inventeur du monocycle, mais bien le cafetier qui a découvert du premier coup le véritable emploi de cette grande roue d'acier. »

Les inventions sont les meilleurs professeurs de philosophie.

ح

L'année 1869 composa aussi de bicycles un prodigieux musée. De temps à autre, Polichinelle y a bien apporté sa petite conception bossue et biscornue, mais la généralité des modèles peut y recevoir l'approbation de la théorie au moins, sinon de la pratique. Ces machines-là ont pu rouler sur le papier, sinon toutes sur les routes.

Une des premières propositions de réforme du grossier vélocipède de Michaux vint d'Amérique. Au mois de mai, un M. C. Donald, de New-

Le monocycle français.

Le monocycle Jackson.

York, nous expédia un assemblage très curieux qu'il baptisait *bicycle perfectionné*. La charpente, de fer creux, formait à l'arrière un cercle parfait dont l'axe de la roue était le diamètre. Les extrémités de cet axe pouvaient librement tourner

Le bicycle perfectionné.

sur des glissières au commandement d'un levier que tenait en mains le cavalier. A l'avant, la charpente s'allongeait en brancards : l'axe de la roue de devant, terminé par deux boîtes montées sur ces brancards, était éloigné ou rapproché du vélocipédiste selon la longueur des jambes, et fixé au moyen d'une vis de pression.

La roue d'avant était motrice ; celle d'arrière, directrice. M. Donald voulait, par ce partage des fonctions, réparer l'injustice du bicycle ordinaire qui confiait à la seule roue d'avant les deux emplois de direction et de traction. Mais son bon cœur ne réussit qu'à construire une machine indomptable qui ne supporta jamais plus de deux minutes son cavalier en selle.

A la même date, une charpente de bicycle,

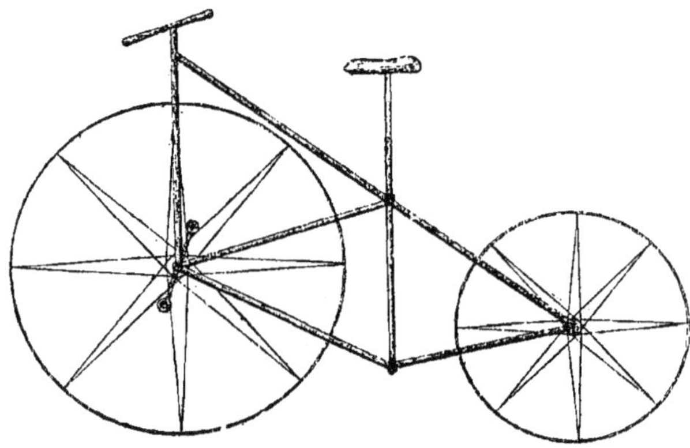

Le Phantom.

nouvelle aussi, venait d'être forgée en Angleterre. L'ossature avait la forme d'un losange irrégulier, coupé verticalement par un axe. Deux triangles étaient ainsi formés, articulés sur la base commune, en sorte qu'ils pussent au besoin se replier l'un sur l'autre. Là était l'articulation de la machine, le siège étant mobile avec la grande roue. Les virages devenaient beaucoup plus simples; les jambes ne se heurtaient plus aux rayons. — Les rayons eux-mêmes, d'ailleurs, constituaient une précieuse innovation : c'étaient des fils de fer ! Et l'inventeur convaincu dénommait son vélocipède *le Phanthom !*

Fantôme aussi fut son succès ! Son invention eut le sort fatal des inventions, elle fut mangée par la chicane. M. Meyer, de Paris, persuada vite au public que lui, le premier, il avait construit des rayons de 4 millimètres d'épaisseur vissés à l'intérieur du moyeu dans des écrous et que son rival n'était qu'un voleur de grands chemins !

Le bicycle à deux roues de front.

L'inventeur du *bicycle à deux roues de front* n'eut au moins jamais la crainte de rouler dans les plates-bandes d'autrui, car il est peu probable que deux intelligences aient pu cultiver la même idée baroque !

L'appareil était mû par les mains et les pieds à la fois : c'était plausible ; il permettait au veloceman de tomber au choix pile ou face, sur la nuque ou sur le nez : c'était admissible. Mais couvrir les épaules du cavalier d'un large collier de bois relié à la machine « pour que dans les montées trop dures il pût porter sa machine à la façon dont les porteurs d'eau installent leurs seaux », c'était jeter à la postérité son nom enveloppé dans une galipette comme une papillote grotesque !

Bras dessus, bras dessous, cet inventeur s'en va avec un autre farceur, d'imagination rabelaisienne, un Nantais, qui, rêvant d'employer à la marche du bicycle le poids de l'homme et non sa force, supprima les pédales et assit le voyageur sur une sellette à deux parties. Le balancement de droite à gauche et réciproquement, sur l'une et l'autre hanche, poussait en avant le véhicule ! — On ne se figure pas aisément quelles contorsions pouvait nécessiter, avec une telle machine, l'ascension d'une côte, et quelle rapide détérioration de la base devait subir le patient emballé dans une descente !

Deux velocemen de Chemillé ont eu réellement, dès cette époque de 1869, l'intuition des perfectionnements à venir. Ils écrivaient à Richard Lesclide, rédacteur en chef du *Vélocipède illustré* : « La fatigue est réduite quand le siège est placé en avant et en élévation, de façon que le poids du cavalier s'ajoute presque verticalement à la poussée du pied ; la pose d'ailleurs est plus gracieuse et plus naturelle en ce qu'elle se rapproche davantage de celle du cavalier d'aplomb sur ses étriers. Cette situation, si elle était adoptée, permettrait aux fabricants de réduire la roue d'arrière comme hauteur et comme force; elle pourrait n'avoir que 20 centimètres de diamètre; le frottement sur le sol diminuerait d'autant, et l'on appliquerait le frein à la roue motrice.

« Il y aura un jour deux sortes de véloces, les uns pour la course, les autres pour la marche. »

Ces observations modestes donnèrent à réfléchir aux constructeurs. Les efforts semblent s'être

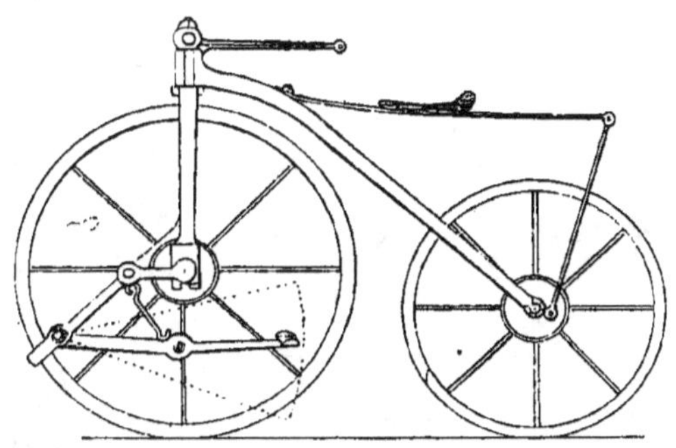

Le bicycle de M. Gache.

en effet aussitôt portés sur l'étude de la position du cavalier. Comment utiliser à la fois sa force et son poids? Comment rapprocher de la ligne verticale la selle et les pédales?

La première solution fut proposée par un Français, M. Gache, le 17 avril 1869, qui remplaça les pédales par deux leviers prolongés jusqu'au-dessous de la selle. Son véloce était d'ailleurs convertible par l'enlèvement facile des leviers et leur remplacement par des pédales; c'était à volonté la machine des nains et celle des gardes impériaux.

La seconde solution fut plus ambitieuse. Elle voulut réaliser d'un coup tous les souhaits des velocemen de Chemillé : meilleure position des jambes, diminution de la roue d'arrière et légèreté. Les leviers furent encore appelés au secours. Mais la roue motrice eut la prétention de battre tous les rivaux aux courses, elle s'agrandit démesurément et le guidon dut s'incliner en arrière pour parvenir aux mains du conducteur. — On n'a pas d'exemple que cette machine ait été montée deux fois par le mêmecavalier...

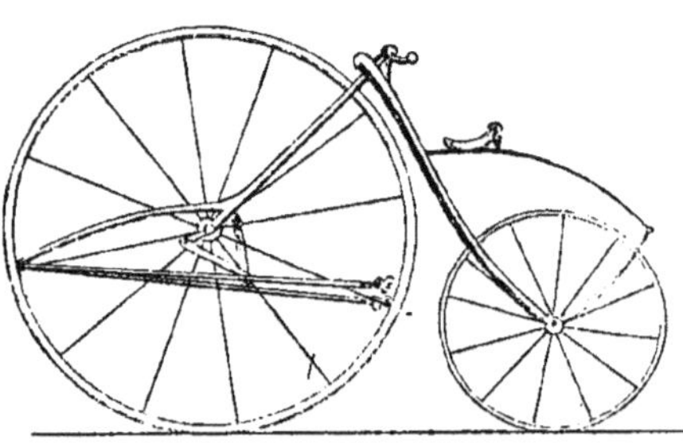

Le bicycle de vitesse.

La troisième solution fut le *vélocipède à engrenages*. Trois roues dentées, de tailles ascendantes, depuis celle qui était fixée à l'axe de la grande roue jusqu'à celle qui était enclavée aux manivelles, reportaient la pédale en arrière de toute leur largeur. Mais l'auteur sembla moins fier d'avoir essayé d'améliorer la position du veloceman que d'avoir trouvé « un vélocipède de grande vitesse ». La multiplication de sa machine hanta ses nuits; « deux tours de roues pour un coup de pied » le grisaient; le chemin de fer crèverait ses locomotives à vouloir le suivre! — La course de Pontoise mit sa modestie au point : l'inventeur suivait à grand-peine les petits véloces de bois quand, une traîtresse de pierre se logeant entre les deux dents d'un pignon, le vélocipède lancé s'arrêta net et d'une ruade l'envoya mesurer de la piste la longueur de son corps.

Le mot de la fin sur les bicycles de 1869 fut dit par M. Montagne. Sa machine, extrêmement originale pour l'époque, était ordonnancée suivant un principe nouveau qui intrigua les amateurs. Elle faisait de la roue d'arrière, par un système de leviers trop compliqué, le moteur, ne laissant à celle d'avant que la direction.

Le bicycle de M. Montagne.

La position de la selle, au sommet de la roue d'arrière, supprimait les risques de patinage et les chutes en avant.

Messieurs, saluez ici la grand'mère de votre bicyclette !

Le bicycle fut l'enfant gâté de 1869 ; le tricycle fut son souffre-douleurs. Il n'était autre alors qu'un bicycle à deux roues d'arrière au lieu d'une.

Traité de voiture et de charrette parce qu'au repos il se tenait debout sur ses trois roues et semblait d'une direction enfantine, il fut méprisé à tort sur ses apparences. Car s'il est encore aujourd'hui plus malaisé d'être bon tricycliste qu'excellent bicycliste, il était d'un virtuose à cette époque de circuler avec adresse sur les trois roues. Il fallait beaucoup plus d'attention pour fournir impunément une petite vitesse sur cette haute et étroite machine que pour tenir un train de course sur les deux seules roues du bicycle. Aucun perfectionnement du bicycle ne lui manquait; il lui manquait seulement l'équilibre.

Les constructeurs ne s'occupaient guère de ces machines dédaignées, quand la publication des expériences du général Morin (de 1837 à 1842) et celles de Coulomb et des Arts et Métiers décida quelques hésitants. Ces expériences, faites sur le tirage des voitures, avaient démontré, entre autres vérités souvent fausses, que : 1º la résistance au roulement est directement proportionnelle au poids, et que... 5º la résistance d'une voiture au tirage est indépendante du nombre des roues pourvu que leur nombre n'augmente pas la charge totale. — Et l'on travailla, en confiance de ces documents officiels.

Le fauteuil-tricycle, du 12 mars 1869, n'était certes pas un prodige de mécanique; rasant le sol, on devait en une heure y dévorer son poids de poussière, mais certainement on ne devait pas trop s'y ennuyer, si la femme était jolie. Ce pouvait devenir une sorte de boudoir roulant. — Les

Le fauteuil-tricycle.

bras et les jambes y donnent la force. Une seule roue est motrice, celle d'arrière, actionnée par des leviers poussant à l'avant deux roues conductrices et parallèles. — La machine gravissait des pentes de 6 à 8 centimètres par mètre, et quoiqu'elle n'ait pu, à la course d'Amiens, parcourir 800 mètres qu'en 3 minutes 10

Le sociable de course.

secondes, elle battait tous les tricycles, battue toutefois par les bicycles, ce que ne supposait certes pas son inventeur.

Huit jours après, le 20 mai, une sorte de sociable, mû par les mains et les pieds, tombait en discussion et remplaçait le fauteuil-tricycle. Il était haut sur roues; s'il donnait de la poussière, c'était du moins autrui qui l'avalait. Mais les chutes extrêmement fréquentes qu'il procurait, les cavaliers devaient bien les prendre à leur compte !

Peut-être devons-nous à ses accidents la conception du véloce prudent nommé le *vélocipède*

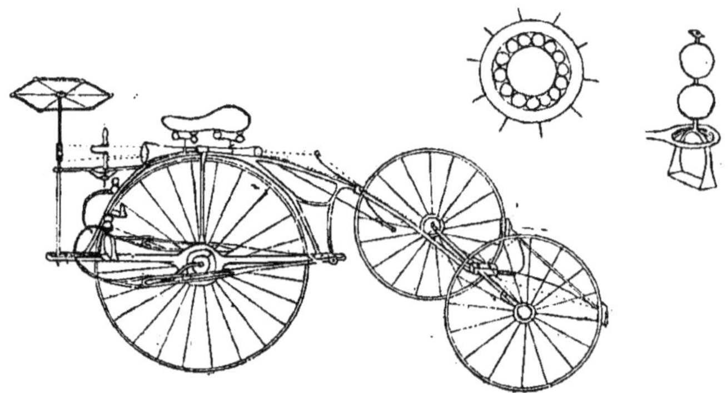

Le vélocipède de l'âge mûr.

de l'âge mûr. Il est à trois roues et ne peut verser. Il ne verserait que s'il marchait vite. Or, ajoutent les mauvaises langues, il ne peut pas marcher vite; donc il ne peut pas verser. En vertu de ce syllogisme, un vieillard doit avoir confiance, grimper là-dessus comme un jeune homme sur un bicycle, reprendre des forces à cet exercice et se refaire un jarret dont son épouse ravie a depuis longtemps perdu l'habitude.

Tout était là combiné pour respecter l'inexpérience et la fragilité des personnes âgées qui allaient se voiturer. Au lieu de la pédale tournante, motif de contusions aux pieds et aux jambes, un étrier fixe monté sur balles de caoutchouc donnait le mouvement à la roue d'avant par un levier de rémouleur. Au lieu du guidon rigide qui vibrait dans les mains à chaque inégalité du sol, une roue de gouvernail de pilote, formée de six branches, enroulait sur son axe à droite ou à gauche une corde métallique qui, par un conduit, atteignait et dirigeait l'essieu des roues de derrière. Au lieu du frein brutal qui pesait sur la jante, deux sabots, commandés également par une corde métallique, s'appuyaient doucement sur les roues.

Tous les axes étant en sus montés sur billes Suriray et les coussinets pourvus de graisseurs savants, ce devait être la merveille des complications. Les constructeurs le comprirent, donnèrent leur admiration aux plans de l'ingénieur, mais se dérobèrent tous devant l'exécution. Le véiocipède de l'âge mûr ne fut jamais qu'une curieuse épure.

Un Français, domicilié dans le Luxembourg, réussit alors la construction d'un *locotricycle*, une originale machine de principe simple. Une des roues d'arrière est motrice, l'autre étant folle et celle d'avant directrice. Deux leviers assez semblables à des pédales d'orgue sont reliés à une corde qui passe en va-et-vient sur deux poulies à

rainures montées sur l'essieu et garnies d'un en-
cliquetage.

Un siège pouvait être disposé à l'avant, et ce
devait être une gracieuse silhouette que celle d'un
élégant, debout à l'arrière, conduisant au Bois une
jeune femme qui dirigeait par des guides de soie
le bec de cygne de l'avant ! — Mais l'usure du

Le locotricycle.

moteur était rapide, les poulies rongeaient le
chanvre et tout d'un coup le conquérant tombait
les deux pieds dans la boue. Le charme était
rompu avec la corde.

On avait alors suffisamment trouvé de méthodes
pour circuler sur terre : on s'en fut vélocipéder
sur l'eau. Le *Podoscaphe* eut quelque vogue. C'é-
tait communément quelque vieux canot dont on
avait plus ou moins adroitement percé le ventre
pour donner passage à une roue à aubes mue par

les pieds. Le guidon agissait par deux cordes sur le gouvernail.

Malheureusement, — car à la remorque de toutes ces inventions il y a toujours un « malheureusement » qui les a empêchées de passer à la pratique, — le poids du navigateur placé très haut dans l'embarcation exigeait à la quille un contrepoids fort lourd, et le Podoscaphe vogua entre ces

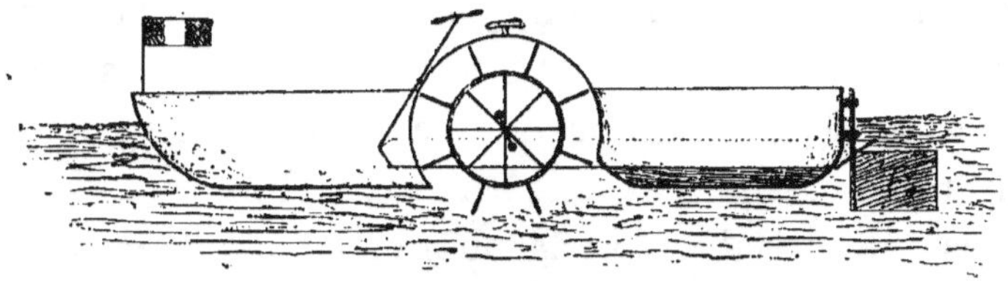

Le podoscaphe.

deux alternatives : ou chavirer au moindre remous, ou peser 200 kilos.

On revint sur terre. Quelques jarrets fatigués se mirent en grève. On rêva de moteurs nouveaux. La vapeur ? M. Lenoir construisit un tricycle à vapeur de petite dimension, mais d'aussi petite solidité, qu'il abandonna lui-même. L'air comprimé ? Un Lyonnais fit un quadricycle à air comprimé, mais le réservoir pesait une demi-tonne pour une course de 4 kilomètres ! L'électricité ? Les Américains avaient déjà tenté de peu pratiques expériences d'électricité sur des locomotives. On compte sur eux et l'on attend, dès 1869. — Voilà vingt-deux ans qu'ils n'ont pas répondu.

Que de tentatives avortées! Doit-on donc conclure de cette longue lanterne magique de vélocipèdes que les velocemen de 1869 étaient condamnés aux modèles dont nous avons fait la revue? Certes non. A peu d'exceptions près, ces comiques mécaniques ne parurent jamais en public. Elles naquirent et moururent dans le même atelier, quelquefois essayées dans une cour ou dans une allée sans passants, partant sans moqueurs; mais en tous cas jamais elles n'eurent l'honneur des rues et le privilège d'effaroucher les chevaux!...

Un veloceman élégant, vers 1870, possédait une machine, la caricature de notre bicycle actuel, haute au maximum de $1^m,25$, aux roues presque égales, caoutchoutées, quelquefois mi-fer mi-acacia, entièrement de bois le plus souvent, mais finement assemblées, et avec des graisseurs à mèche, s'il vous plait! Le roulement de l'axe principal se faisait sur des boules d'acier. Les pédales étaient en bronze, maintenues perpendiculaires par un gland pesant. La selle était de jonc tressé ou de peau de truie, suspendue sur un long ressort de voiture. Tout l'appareil pesait près de 30 kilogrammes et coûtait 200 francs.

Le cavalier se vêtait d'une casaque de jockey, d'une culotte collante et d'une toque. Il chaussait des bottes molles. La mode voulait qu'il montât

« en voltige », c'est-à-dire qu'il sautât d'un bond gracieux en selle, à la marière d'un écuyer sur son cheval. Moins adroit, il portait en bandoulière une canne, une sorte de béquille qui lui servait à monter, à s'arrêter et à descendre. Quelques amateurs avaient fait adapter à leur vélocipède, de chaque côté, une longue patte de bois qui se relevait et s'abaissait à volonté, la jambe étrière Berruyer. Quelques autres, trouvant sans goût un sport où leur compagne n'était pas invitée, avaient adjoint à leur selle une seconde sellette en croupe. L'écartement des roues était augmenté de 10 à 15 centimètres. — « Ainsi, dit le marchand dans sa réclame, disparaît le reproche d'égoïsme que l'on fait au bicycle. Il jouira désormais du privilège des palefrois sur lesquels les preux portaient les dames en croupe. » Et suit cette phrase moins romanesque : « Je vends le nouveau bicycle 275 francs. »

Le tricycle était abandonné, par quelle erreur, aux peureux. Jaloux de la galanterie du bicycle, lui aussi avait fait un effort chevaleresque : il se transformait quelquefois en quadricycle, offrant deux places côte à côte aux gens bien aimants. Mais son inconvénient était dès lors de mesurer 2 mètres de largeur et de ne pouvoir plus circuler que dans les larges avenues des jardins anglais.

Ce ne fut d'ailleurs jamais un modeste que le tricycle. On lui avait donné le sobriquet de ca- briolet, et cabriolet il voulut être. Le 8 août 1869,

le préfet de police reçut une pétition dans laquelle on lui proposait de rempla- cer les fiacres de Pa- ris par des tricycles à deux places. Les cochers devien- draient des *pousseurs* et les voyageurs des *poussés*. Le prix de l'heure, de 10 kilo- mètres, serait de 1 fr. 25, celui de la course de 0 fr. 50. — Le préfet n'hésita pas, il déchira la pétition.

Quinze jours après, le pétitionnaire entêté de- mandait une audience au préfet et lui tendait un journal, le *Courrier d'Albany* du 20 août 1869. Le vélocipède, cet innocent instrument de travail, de plaisir, de flirt même, ne venait-il pas de rouler dans le sang d'un duel à mort? Alors, si l'on avait pu faire du vélocipède un instrument de combat, n'était-il pas plus simple et plus pacifique d'en vouloir faire une voiture de place?... La feuille disait :

« Un Américain, sir Dunham, propriétaire des environs de Burnets-Field, avait eu l'idée d'utiliser pour son usage les rails peu surveillés des chemins de fer des États-Unis. Il avait fait construire un wagonet à quatre roues, très léger, de la largeur des rails, qu'il poussait au moyen de pédales : il visitait ainsi ses propriétés. Il savait l'heure des trains et circulait aux moments propices. Signalé plusieurs fois cependant par des mécaniciens qui l'avaient vu descendre à leur approche, il était toléré par les compagnies qui hésitaient devant le ridicule d'un procès.

« Un M. F..., établi sur les rives du Mohawsk, le vit passer un jour dans son wagonet, trouva le moyen ingénieux et se fit construire un véhicule semblable.

« La première fois que les deux rivaux se rencontrèrent, M. F... poliment enleva son instrument des rails et laissa passer sir Dunham. Mais la seconde fois, il exigea que sa politesse lui fût rendue. Les deux voyageurs se disputent et l'échange des mots vifs va se résoudre en coups de revolver, quand Dunham propose un duel moins banal que celui des armes à feu.

« La voie courait sur un remblai de 100 pieds de hauteur. Chacun des adversaires recule de

200 mètres et, sur un signal donné par leurs mouchoirs, tous deux se précipitent l'un contre l'autre en pédalant désespérément.

« Le choc fut terrible. Dunham eut le crâne fendu et mourut sur le coup. M. F... eut une jambe cassée qu'on dut lui amputer le lendemain. »

Cette mort et cette amputation écœurèrent le préfet. — Ne voilà-il pas la source de cette intarissable haine dont les préfectures ont toujours inondé la vélocipédie ?

En France, pendant ce temps, le succès de la vélocipédie chauffait à gros bouillons. Elle se lançait dans le monde et donnait des fêtes. Plus d'une municipalité de 1869 eut la galanterie d'estimer que, sans courses de vélocipèdes, la fête du pays était boiteuse. Une commune proche de Nérac n'eut-elle pas la hardiesse de révolutionner ses habitudes centenaires et de supprimer les fonds de de la course au cochon pour en doter le vélocipède ?

L'Exposition universelle de 1867 avait révélé au public le vélocipède. Dès la clôture, des amateurs s'étaient réunis, avaient élaboré quelques statuts d'association, créé des cercles : là, les partisans du même sport se retrouveraient, s'encourageraient, organiseraient des journées vélocipédiques, pour le plaisir et pour la propagande. Le

Vélo-Sport Parisien fut un infatigable prédicateur. Son influence ouvrit les portes de l'ancien Hippodrome : tous les jeudis et dimanches, quand le soleil en donnait l'autorisation, des matchs acharnés s'y disputaient. Ses démarches firent mieux et rallièrent à l'idée nouvelle les voisins de Paris : Pantin, Enghien, le Raincy, Saint-Cloud.

C'était, à la fête du pays, une jolie piste que l'allée de la promenade, ombragée par les tilleuls. Une corde courait d'arbre en arbre en manière de barrière, à hauteur du nez des gamins, et les éclats de rire sonnaient clairs sous les parasols de feuilles. Car l'esprit des organisateurs s'était mis à mal pour trouver de l'ingénieux et de l'inédit, et le plus souvent il l'avait rencontré.

La *course de vitesse* ouvrait le feu, sur quelques centaines de mètres. Le gagnant se nommait Moore, ou Castera, ou Moret, ou Tribout. Moret était le benjamin de la bande, il n'avait que dix-neuf ans ; Tribout en était le doyen, il vélocipédait depuis 1865, sur une machine en bois de sa construction, articulée au centre afin qu'il pût la remiser commodément.

Mais les succès constants, presque inévitables, des mêmes coureurs, décourageaient les vaincus. Pour égaliser les chances de succès, on eut alors recours aux handicaps, ce système qui modifie la course pour chaque coureur proportionnellement à sa force. Malheureusement, la copie servile des habitudes hippiques conduisit la vélocipédie au ridicule : les premiers handicaps furent établis par des poids ! Selon sa valeur ou sa renommée, le coureur était chargé de 1 kilo, 2 kilos de plomb, qu'il plaçait dans ses poches, comme un jockey dans la fonte de sa selle !

La *course de lenteur* succédait, course de grimaces et de contorsions. Il s'agissait d'arriver dernier au poteau. Le vélocipède avançait à peine, il penchait, titubait, allait s'abattre ! Un coup de reins le remettait d'aplomb, quelquefois aussi dépassait la verticale et le rejetait de l'autre côté ! Alors les déhanchements grotesques, les coups de gouvernail maladroits, les attitudes d'hommes-singes motivaient sans trêve les applaudissements gouailleurs. Et la fatalité voulait que le plus souvent le gagnant de la vitesse fût encore le gagnant de la lenteur, la longue habitude du vélocipède étant le secret de la victoire.

L'appariteur proclamait alors l'ouverture de la *course d'obstacles*. C'est là que l'imagination des organisateurs montrait ses ressources. — La piste horizontale se haussait tout à coup, faisait monticule, puis brusquement, par un angle de 45 degrés, redescendait. S'il se laissait surprendre par le terrain, le coureur piquait une tête ; il passait s'il se penchait vivement en arrière. Plus loin, une énorme fente, d'un demi-mètre de largeur, emplie d'eau, barrait le chemin : ralentir, aborder le fossé avec respect et le franchir sans esbrouffe; ou s'élancer en conquérant, faire panache et prendre un bain : vous n'avez qu'à choisir. Mais vous êtes sauf, vous continuez à pédaler; voici que la route se rétrécit, s'allonge sur une longue planche étroite. Vous êtes adroit, vous vous en moquez. Vous vous engagez ; mais subitement, à moitié de la passe, la planche bascule sous vous, et vous avec elle, à moins que vous n'ayez promptement repris votre équilibre pour courir, à travers les feuilles sèches, le gazon ou le sable dont on a encombré la piste, jusqu'à un mur de pierres. Que faire ici ? Descendre, enlever votre véloce, le jeter par-dessus le mur, et en faire autant de votre personne. L'obstacle est naïf, mais le retard est égal pour tous les coureurs. — Et si vous arrivez au poteau sans blessure, soyez convaincu que votre machine a quelque foulure ou quelque luxation : le fabricant dans son coin acclame les bienheureuses courses d'obstacles, ses pourvoyeuses.

Les survivants de cette barbarie commençaient presque aussitôt, après avoir soufflé, les *courses d'adresse*. Monter en vélocipède sans gouvernail, s'asseoir en amazone, enfourcher en voltige sa machine lorsqu'elle était lancée, porter un camarade sur ses épaules, ou enfiler à la pointe d'une épée des bagues ou des têtes de massacres, constituaient un attrayant carrousel qu'accompagnaient toujours les bravos féminins.

6

Les bravos masculins se tenaient en réserve pour le dernier numéro du programme, les *courses de dames*. C'étaient, dit un organe du temps, « des courses de vitesse qui permettaient d'exhiber des sujets plus gracieux que dans les concours ordinaires ». Elles étaient soumises aux mêmes règlements, « tempérés seulement par la galanterie de messieurs les commissaires ». C'était surtout pour l'aimable perversité des spectateurs l'espérance de quelque chute anodine et révélatrice, ou de la perte de quelque jarretière désertant son bas : les courses de femmes contribuèrent beaucoup à l'extension du sport vélocipédique.

Cependant les courses étaient finies, les cordes de l'enceinte retirées et le public venu en cercle autour du distributeur des récompenses. Ah! les prix sentaient bien quelquefois leur village! Plus d'une fois devant les vainqueurs alignés, sous l'œil ému des orphéonistes, le maire ou le président se baissa vers une caisse de bois à claire-voie d'où il retira par le cou la récompense emplumée du gagnant! Plus d'une fois aussi l'oie grasse des courses importantes ou le caneton étique des petites épreuves ne survécut qu'une heure ou deux à son triomphe et donna le soir même aux concurrents une belle brochée dorée, mouillée de picolo!

L'odeur du rôti ou l'instinct de la mécanique inspira-t-il les constructeurs? On construisit aussitôt des machines spéciales pour les courses. La maison Michaux employa pour ses rais le bois des îles, plus solide et plus effilable; la maison Meyer monta ses roues par fils de fer en tension; M. Gaëtan fabriqua un léger tricycle de courses qui n'était autre que le tricycle commun, mais allégé, amaigri dans toutes ses proportions.

Les rêveurs de complications et d'impossibilités ne trouvèrent pas leur compte en ces machines simples. Un inventeur apporta son *vélocipède à grande vitesse*. Les deux roues du bicycle étaient devenues motrices à titre égal et portaient chacune

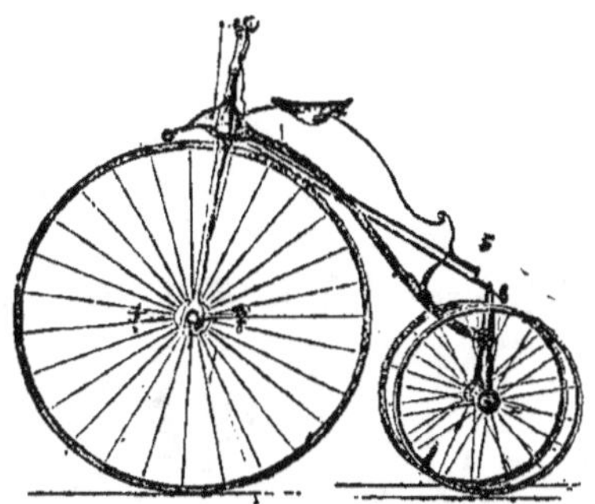

Le tricycle de course de 1869.

leur homme. Ce bicycle double eût certainement fourni de beaucoup plus remarquables vitesses que le bicycle simple, s'il avait pu rouler! Mais l'entente devait être si parfaite chez les deux coureurs associés que l'instrument ne trouva pas à être monté autrement qu'en courses d'adresse. En vitesse, la moindre erreur de direction, la perte d'une pédale eût amené une catastrophe, et le plus médiocre coureur jugea que sa tête valait mieux qu'un canard. Avec des prix en espèces sonnantes, on aurait refusé du monde.

Mais l'or même n'aurait pas réalisé ce miracle,

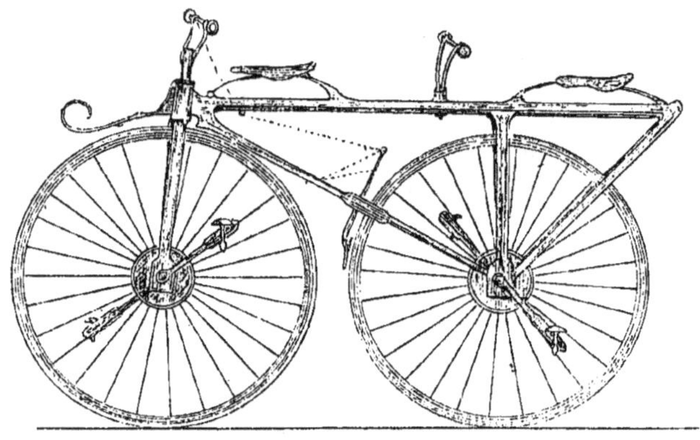

Le vélocipède à grande vitesse.

de faire tenir en équilibre la machine dont on rit

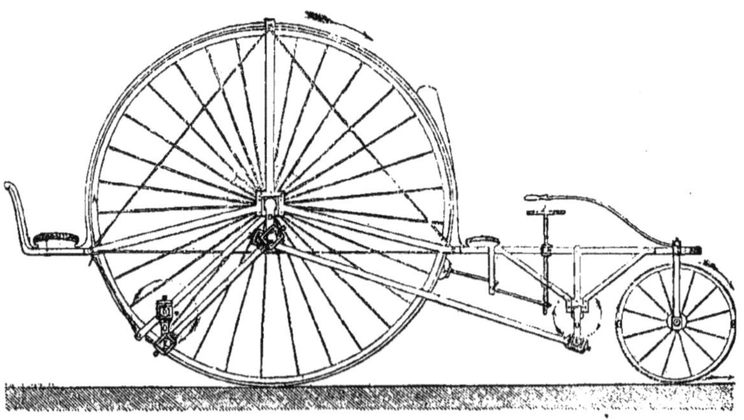

Le vélo-vitesse.

beaucoup en 1869, le *vélo-vitesse!* En avant et en arrière d'une roue motrice de 2^m,50 de haut, entraînée par des leviers hauts comme des peupliers,

deux imprudents devaient prendre place; une petite roue en avant assurerait la direction. A peine
ose-t-on se figurer le supplice qu'éprouve le cavalier d'arrière qui n'a d'autre paysage en ses promenades que la jante poudreuse de l'énorme roue :
une étourderie, un effleurement du visage par cette
gigantesque scie, c'est d'un morceau d'oreille ou
de nez qu'il les paye.

Les gens intelligents haussèrent les épaules et
gardèrent leur confiance dans leur petit véloce de
bois qui, du moins, lui, ne déchirait quelquefois
que le pantalon de son maître.

Les premières fêtes de la vélocipédie l'avaient
révélée sport amusant, mais non sport utile. Agrément des foires, serait-ce tout? Le vélocipédiste
ne rendrait-il jamais plus de services à la société,
à lui-même aussi, que l'avaleur de sabres? Il fallait
l'intelligence de M. Richard Lesclide, le Grand
Jacques du *Vélocipède illustré*, pour comprendre
quelles épreuves donneraient la consécration au
vélocipède. Courir 2 à 3 000 mètres sur un terrain
préparé pouvait n'être qu'un tour d'acrobate. La
piste ne prouvait pas; la route prouverait.

Le 7 novembre 1869, eut lieu, grâce à l'énergie
et à la bonne organisation du Grand Jacques, la
première épreuve de fond. Le calendrier vélocipé-

6.

dique doit être marqué d'une croix blanche à cette date.

La distance à courir était celle de Paris à Rouen par la route de Saint-Germain, Mantes et Vernon. Le chiffre des coureurs inscrits n'était pas moindre de 323, parmi lesquels le célèbre gymnasiarque Léotard et plusieurs femmes, miss América, Mlles Olga et Fatma. Un pari mutuel, avec retenue de 10 p. 100, recevait les paris.

Une centaine de coureurs seulement, après un faux signal, prirent le départ à 7 h. et demie du matin. Il avait plu tout au long de la semaine précédente; les chemins étaient boueux, le temps humide. Jusqu'à Mantes quatre-vingts cyclistes tenaient bon; miss America était alors quarantième. Mais dès la sortie de cette ville, les concurrents s'égrenaient. Jackson en quadricycle ne dépassait pas Bonnières; Truffault, venu de Tours et ignorant les environs de Paris, s'égarait, rencontrait Laumaillé échoué dans une auberge de Pont-de-l'Arche et reprenait avec lui le train pour Paris; plusieurs rivaux sautaient en chemin de fer à Vernon. — Bref le premier, un Anglais, J. Moore, arrivait à Rouen à 6 h. 10, ayant franchi en 10 h. trois quarts les 123 kilomètres, d'une allure de 12 kilomètres à l'heure. Castera, Bobilier, Pascaud avaient les numéros 2, 3, 4; miss America, 29. — Dans la nuit, à 3 h. 30, le premier tricycle atteignait l'octroi, monté par M. Tissier : il avait

Une course en 1869, d'après le *Vélocipède illustré*.

doublé le temps nécessaire au premier bicycle, d'une allure moyenne de 6 kilomètres à l'heure.

Les vitesses fournies à cette époque par les vélocipédistes n'ont guère eu de contrôle. Leur bonne foi seule a marqué le plus souvent les points, et il est supposable qu'elle n'a pas toujours eu le chronomètre en main. Les machines défectueuses de 1869 admettent difficilement ces rapports du temps : la moyenne des gens exercés faisant en voyage, normalement, 4 à 5 lieues à l'heure, 150 kilomètres sans arrêt, 250 kilomètres en 20 heures, y compris les arrêts! Le record du demi-kilomètre seul, en une minute, offre une garantie d'authenticité, mais, s'empressent d'ajouter les témoins, « cette vitesse vertigineuse ne saurait se garder longtemps ».

On discutait encore les résultats de la course de Rouen lorsque le journal anglais *le Globe*, de Londres, vint conter aux oreilles françaises les prouesses de ses nationaux. Trois velocemen, partis de Liverpool pour la capitale, n'avaient mis que trois jours à parcourir 108 lieues... Halte-là! Deux champions français, M. Michaux, le fils de l'inventeur des manivelles, et M. Moret, l'employé d'un grand magasin de soieries du boulevard des Italiens, qui s'entraînait chaque dimanche à aller embrasser sa mère à 140 kilomètres de là, aller et retour, à Provins, partirent pour l'Angleterre et battirent les fanfarons dans le jardin du Palais de

Sydenham. Les Anglais mâchonnaient leurs favoris en murmurant dans leurs longues dents les *dog french* du premier Empire. — Ils prirent leur revanche chez nous. La course autour de Paris, organisée peu après celle de Rouen, fut gagnée par un Anglais de vingt ans, M. Schaud, en 2 h. 40. — Mais ils perdirent la belle, le 27 février 1870, dans la course de fond, spéciale aux tricycles et aux quadricycles, entre Paris et Saint-Germain. Le Français Camus battit les étrangers en 3 h. 10.

L'initiative du Grand Jacques avait produit cette bienfaisante agitation autour du vélocipède. Grenoble, Carpentras, Gand veulent des courses, et des courses de fond, la vélocipédie dans son élément; et du bout de la France et du bout du monde des prouesses défrayent la petite presse et la grande : en mai 1870, un Américain, Samuel Dealar, fait le pari de venir de New-York à Paris en vélocipède! Sans bateau? Oui, et qu'est-ce cela pour un gaillard? Il passerait le détroit de Behring au moment des glaces. L'infortuné eut-il les pieds gelés? On sut seulement qu'il perdit son pari. — Le mois suivant, un droguiste anglais, M. Kemp, parcourt l'Hindoustan en vélocipède. Les Hindous prennent le pauvre homme pour le dieu Vichnou et l'adorent dans un temple : la diplomatie anglaise dut s'employer à extraire l'idole de sa prison dorée. — Le 25 août 1870, Léotard est vainqueur de la course de fond de Toulouse à Villefranche-de-Lauraguais.

A Paris, c'est la mode chez les velocemen, aux derniers temps de l'Empire, d'aller en excursion jusqu'au champ Langlois d'où les six victimes de Troppmann viennent d'être déterrées. — C'est une mode aussi, mode vite acclimatée et prospère, de se faire dérober sa machine par un adroit filou : le 19 avril 1870, Moore, le vainqueur du grand concours Paris-Rouen, est débarrassé de son vélocipède, n° 159, aux environs de la Bourse, tandis qu'il bavarde au café.

L'entente régnait d'ailleurs dans le monde vélocipédique, en ces temps heureux ! Un document de 1870 établit un essai d'union ainsi conçu :

PROJET D'ASSOCIATION

DE TOUS LES VÉLOCIPÉDISTES DE FRANCE

« L'union fait la force, dit la devise belge : Unissons-nous donc tous pour battre l'ennemi commun, la routine, qui, dans tous les rangs de la société, cherche à anéantir le progrès.

« Pour arriver à cette union, si désirable à tous les points de vue, il conviendrait de prendre les mesures suivantes :

« 1. Les vélocipédistes de chaque canton se réunissent au chef-lieu, à jour fixe, ou sur la convocation des secrétaires.

« 2. Chaque assemblée cantonale élit un ou plusieurs de ses membres, suivant son importance, pour la représenter au comité départemental.

« 3. Un comité départemental composé des mandataires cantonaux tient des séances semestrielles au chef-lieu de chaque département.

« 4. Chaque comité départemental élit à son tour un représentant au comité central à Paris, pour y défendre les intérêts vélocipédiques de son département.

« 5. A ce comité central est joint un comité spécial d'hommes pratiques et de vélocipédistes distingués. Ce comité peut être appelé, sur la demande du comité central, à donner son appréciation sur la valeur des inventions qui lui sont communiquées.

« 6. Chaque membre verse une légère cotisation mensuelle.

« 7. Ces fonds sont affectés :

« *a*. A la distribution de médailles aux constructeurs et inventeurs de véloces et d'accessoires, qui auront présenté leurs produits au comité central.

« *b*. A l'organisation d'expositions et d'un musée vélocipédique.

« *c*. A subventionner les communes se décidant

à donner des courses, lorsque leurs revenus seront reconnus insuffisants.

« L'on comprend aisément la pression que peut exercer, dans notre société française, une association de cent mille individus. Les services publics adopteraient le vélocipède et les villes lui consacreraient des arrêtés moins rigoureux. »

Malheureusement le projet ne grandit pas assez pour s'épanouir en une fédération. Les vélocipédistes étaient unis tant qu'on ne parla pas d'union ; dès que le mot circula dans les conversations, la bonne entente prit la porte. Les caractères français ont l'horreur des cages, même les plus dorées.

De petites mains d'ailleurs avaient poussé à la roue le succès de la vélocipédie. Les femmes s'étaient prises de curiosité pour l'instrument de leur mari ou de leur ami, et, comme il arrive d'ordinaire des objets qu'elles ne connaissent pas, voulurent voir le loup nouveau. Vers 1870, les femmes ne sont plus sur les pistes de courses de gentilles exceptions ; elles deviennent sur route d'aussi gentilles généralités. La vélocipédie ayant la femme dans son jeu devait gagner la partie.

La Faculté de médecine en tressauta d'horreur et monta sur ses grands bocaux. L'amour du cheval de fer, la ruine de la femme, la perturbation des organes sacrés sur lesquels le code civil a édifié le mariage, la stérilité incurable vengeresse de ces excès, tous les anathèmes médicaux tirèrent la femme en bas du vélocipède! Le docteur Bellencontre, médecin inspecteur de la Société protectrice de l'enfance de Paris, se chargea de répondre à cette Faculté plus prompte à accueillir un poison nouveau qu'un mode nouveau d'hygiène. « Les jeunes filles en vélocipède, pourquoi pas? N'est-ce pas le remède à l'anémie et aux pâles couleurs qu'engendre seul le défaut d'exercice? Une robe courte pour monter? La belle affaire! Nos premiers parents, mieux avisés que nous, ne vivaient-ils pas tout nus, donnant à leur corps un bain d'air? » Et sa protestation rendue publique avait la bonhomie d'ajouter : « L'attention que nécessite la direction du vélocipède détourne les jeunes esprits des pensées vagues et dangereuses auxquelles leur âge et leur sexe les prédisposent fatalement. »

La théorie du bain d'air du bon docteur ne prévalut malheureusement pas dans le costume des femmes de sport. Un couturier à la mode se flatta de les habiller avec élégance et leur soumit deux modèles, qu'elles s'empressèrent de répudier tous les deux. Le premier, dit : *le Gamin*, était commode, mais hideux. Une blouse courte serrée par une ceinture tombait sur un pantalon bouffant renfermée dans des bottes; une casquette à visière basse couvrait le tout. Le second, étiqueté : *le Fantaisiste*, n'eût pas eu l'approbation de la préfecture de police : en haut, une toque russe à plumet droit ; dessous, un justaucorps fourré ou passementé ; en bas, un maillot collant. Et pour combler notre épouvante, le dessinateur de terminer

Costumes de dames (1869).

son exposé par cette proposition : « Quelques dames qui le préféreraient pourraient passer sur le maillot un pantalon de dentelle tombant sur le genou [1] et dégageant la jambe, car la jambe doit se montrer quand elle est bien faite. »

Les constructeurs jouèrent de malheur comme les couturiers. La veille des étrennes 1870, un

---

1. *Vélocipède illustré*, 1869.

M. Steiner proposa, la bouche en cœur, un coquet

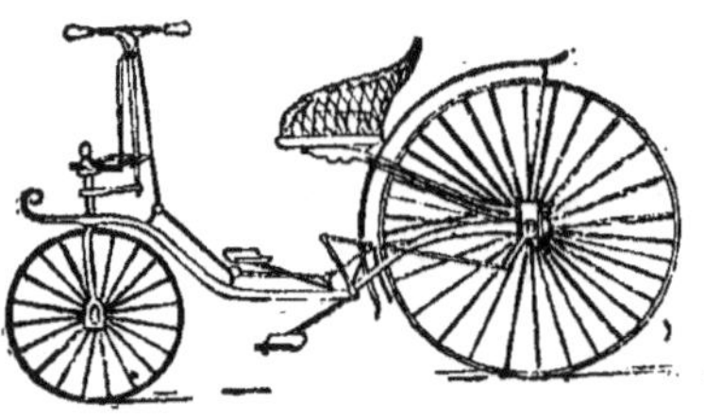

Le bicycle de dames Steiner.

bicycle « spéciale-
ment construit
pour les dames ».
Le principe de loco-
motion était celui
de M. Montagne,
mais les perfec-
tionnements avaient leur prix : un siège élégant,
encadré d'osier, empêchait les robes de débor-

Le *vélox* pour dames (d'après l'*Energy and Cycling Locomotion*).

der sur la machine, et le gouvernail adroitement
suspendu amortissait les chocs et ne blessait
plus les poignets sensibles. Les dames remerciè-
rent l'inventeur en boudant sa fabrique et en fai-

sant l'achat de leurs machines chez ses rivaux. C'étaient des machines « d'hommes » qu'il leur fallait, que diable !

Ce défaut d'observation psychologique rendit inutiles aussi les conceptions américaines à l'usage

Le véloce de M. Mey, d'après l'*Energy and Cycling Locomotion*.

des femmes. Un vélocipède de MM. Christian et Reinhart, du 23 février 1869, *le Vélox*, avait quatre roues, deux motrices à l'arrière, les deux autres étant directrices. Mais les dames se contentèrent d'en regarder l'image, comme une gravure de modes, pour la critiquer.

M. Mey, en novembre, envoya de New-York le dessin d'un tricycle où la force n'était produite ni par les pieds ni par les mains, mais par deux chiens qui couraient dans la roue antérieure, en écureuils. Celui-là ignorait qu'une femme, à la vue d'un homme et d'un chien tirant ensemble une carriole, s'apitoie sur le chien et traite l'homme de lâche...

Les femmes montèrent donc simplement le bicycle des hommes et firent la distraction et le gai accompagnement des excursions lointaines. Pendant de longs mois aussi elles eurent libre entrée dans les courses de fond. Mais toutes pâtirent bientôt de la faute de quelques-unes. Tandis que les coureuses honnêtes, miss America par exemple, pseudonyme de la femme d'un constructeur connu, demandaient que le prix accordé aux femmes ne fût plus un médaillon en or, cette fanfreluche, mais bel et bien la médaille que gagnaient les hommes, de jeunes étourdies ne songeaient en route qu'à distraire leurs rivaux par tous les moyens dont la nature leur avait donné la disposition. Dans une seconde course de Paris à Rouen, deux danseuses de l'Hippodrome, qui avaient pris le départ de l'air le plus convaincu, manœuvrèrent si bien aux environs de Mantes que la moitié des coureurs se glissèrent avec elles dans le train en direction de Rouen, festoyèrent tout le long du trajet, arrivèrent dans la capitale de la Normandie deux heures avant l'autre moitié qui s'échinait sur la route, et se proclamèrent vainqueurs de la course!

De ce jour, les femmes furent biffées des courses de fond, reçues seulement dans les courses de vitesse où elles n'échappaient pas à la surveillance des commissaires, ou admises encore à remettre, comme au moyen âge, avant l'épreuve, leurs couleurs et leur baiser au champion préféré...

Subitement un grand coup de canon ébranle l'atmosphère. La guerre de 1870 éclate. Toutes les visions de progrès et de prospérité s'évanouissent...

Un journal vélocipédique[1], confiant dans le « pas un bouton de guêtre ne manquera » du maréchal Le Bœuf, émet seulement cette proposition bouffonne, que l'avenir rendit sinistre : « En calculant la moyenne de marche à 22 kilomètres par jour, il nous faut accepter un délai de quarante jours pour aller dicter des lois à l'Allemagne dans la capitale de la Prusse. Que notre corps d'armée soit à bicycle et en dix jours il arrivera de la frontière à Berlin. »

Le vélocipède cependant, quoique trop jeune encore pour être enrôlé, essaye ses forces par une prouesse : M. Lebrun, dans l'armée du Nord, fait en une journée plus de 150 kilomètres en bicycle

1. *Vélocipède illustré*, 21 août 1870.

pour porter une dépêche au général Faidherbe. Histoire d'affirmer que le sport nouveau est bon à la peine et à l'honneur, comme il est bon à la joie!

CHAPITRE III

L'INSTALLATION DE LA VÉLOCIPÉDIE EN FRANCE

(1871-1880)

La guerre de 1870. — Disparition de la vélocipédie. — Désarroi du sport nouveau (1872 à 1874). — La Renaissance de 1875. — Découverte des jantes creuses. — Truffault. — La réorganisation de 1876. — Les premières grandes courses. — Charles Terront. — Les inventions de 1877.— Renard. — Rousseau. — L'Exposition universelle de 1878. — Les rayons tangents. — La conquête de la France cycliste par l'Angleterre (1879).—Starley. — Déchéance de la construction française (1880). — Le premier tricycle moderne (1878). — La première bicyclette (1880).

La guerre finit. Le traité de Francfort fut l'ironique réponse des Allemands au conseil qu'avait donné le *Vélocipède illustré* d'aller en bicycles dicter des lois à Bismarck ! A quelques coups de pédales de Paris, à Versailles, les pointes dorées des casques se reflétaient dans la Galerie des glaces du palais! La course à Berlin n'est qu'ajournée peut-être !

Les semailles vélocipédiques de 1869 avaient été splendides. Mais sous l'orage de 1870 tout avait coulé, les blés étaient versés; rien de vélocipédique n'avait survécu. Les grêlons de fer avaient tout haché, clubs, journaux, constructeurs. Couchées les inventions aux tiges frêles, aux épis pesants, couché l'engouement du public, couché le souvenir même des courses joyeuses et des glorieuses expéditions du passé!

Un long désert de quatre années s'ouvre en 1871, que la vélocipédie française n'a guère sillonné. A peine, de semestre en semestre, un bicycliste va-t-il se hasarder sur sa machine, qu'un mot aimable, comme celui du journal *le Fanal* : « Un vélocipédiste est un être mûr pour Charenton, » le fait rentrer à la remise avant qu'il n'ait tracé sa raie dans le sable. Aucune protestation ne s'élève, et le pauvre diable, sans défenseurs, sans imitateurs surtout, se regarde avec crainte dans son miroir, bien près de penser que peut-être le *Fanal* a raison !

Et cet isolé nourrit ses regrets de la lecture des journaux anglais : l'Angleterre accueille, organise, installe la vélocipédie, elle! L'enthousiasme public là-bas lance des hurrahs au passage du moindre enfant qui essaye d'enfourcher un bicycle. Le bourg de Coventry va troquer son ancienne industrie d'aiguilles contre la fabrication des vélocipèdes, s'arrondir en un marché colossal de machines où le monde entier des cyclistes viendra faire son choix! Le vélocipède, né et perfectionné en France, échappe à notre tutelle. Dans ce match du bicycle que la France et l'Angleterre courent depuis deux ans côte à côte, une rivale profite, en toute justice, de la chute terrible de son adversaire pour prendre longuement l'avance.

La paralysie pendant cinq années, la servitude des Anglais pendant quinze, sont le tribut payé par la vélocipédie française à la guerre de 1870.

Au lendemain du traité de Francfort, les grandes forges de vélocipèdes de 1869 sont éteintes en France. Les enclumes ne sonnent plus sous les marteaux pressés, les étincelles ne gerbent plus. Un gigantesque *Fermé pour cause de décès* scelle tous les volets. La fameuse Compagnie parisienne est ruinée; Michaux, par sa faute, commence à descendre l'escalier de misère qui de marche en marche va l'amener à Bicêtre. Car associé en 1868 à MM. Ollivier frères, qui lui ont apporté chacun 50 000 francs, séparé d'eux en 1869, leur abandonnant contre 200 000 francs la propriété exclusive de la raison sociale *Compagnie parisienne, an-*

cienne maison Michaux et Cie, il s'est réinstallé quelques mois après sous son propre nom et s'est fait tomber là sur la tête un procès de 100 000 francs, qui l'a écrasée.

De temps à autre cependant, une heure ici, dix minutes là, dans la rue des Acacias, quelques coups de maillet sont entendus des voisins : un cercle de fer qu'on arrondit sur la table de marbre, sans doute. Un seul mécanicien, un homme de rare talent, M. Meyer, s'est entêté dans son atelier. Lui, n'a jamais construit de véloces en bois, même en 1869. Les siens sont en métal, et dans le véloce en métal même il a trouvé ces améliorations, que le corps n'est plus formé d'une barre de fer aux arêtes saillantes, mais d'un tube de fer cylindrique, que les rais faits d'une tige sont rejetés pour des rayons en fils de fer. C'est un très habile mais un très craintif. Il redoute que le vélocipède ne soit, comme la crinoline, une mode ; et ses jolies machines, légères et solides, qui font miroiter au soleil leur fer poli, il en attend la commande en philosophe.

Le commerce vélocipédique de 1871 semble donc réduit alors à cette transaction unique : M. Meyer construit, — tout en s'excusant de ce prix élevé par le fini du travail, — des roues à « cinquante francs la paire » pour l'ex-concierge de la Compagnie parisienne, installé loueur de vélocipèdes dans l'ancienne maison florissante.

Et les nouvelles vélocipédiques sont restreintes à ceci que, d'une promenade de Paris à Versailles, un coureur qui se fera un nom les années suivantes, Charles Thuillet, est revenu vainqueur en 44 minutes et qu'à Besançon, quatre amateurs se sont livrés, en présence de quatre spectateurs, des combats superbes : M. Gaiffe a parcouru en 1 h. 46 trente-cinq kilomètres, suivi de près par MM. Rousseau, de Marseille, et Charlet et Viennet, de Lyon.

1872

Plus encore l'année 1872 sonne le creux. On draine dans le pays cinq milliards : le vélocipède passe chez tous pour un jeu, et personne n'est au jeu !

La situation rend sérieuse la vélocipédie même, qui, en ces mois graves, ne peut faire parler d'elle qu'une seule fois, mais en bien, en gagne-pain. Des jeunes gens désœuvrés, qui rôdaient dans Paris à la chasse d'un emploi, s'étaient offerts à la Compagnie des agents de change pour porter au pas gymnastique des dépêches jusqu'au télégraphe. La fatigue, l'essoufflement, le désir d'un gain plus répété, l'instinct aussi de gamin aidant, quelques-uns s'étaient accrochés à l'essieu des voitures qui roulaient dans la direction et avaient doublé ainsi leurs courses, sans fatigue, non sans coups de fouet des cochers. L'un d'eux, un jour, se fait son maître par l'achat d'un vélocipède. Les autres l'imitent. Des brigades de vélocipédistes s'organisent ainsi pour porter des dépêches de la Bourse au bureau central des télégraphes, rue de Grenelle[1]. Le trajet est de 6 kilomètres, d'une durée de 25 minutes, et le salaire de 2 fr. 50.

Mais les allées et venues de ces courriers et leurs luttes avec les passants réactionnaires, qui n'ont jamais la dernière épithète malsonnante, ne suffisent pas à défrayer un journal. Les lecteurs n'ont d'abonnements que pour la politique. Les nouveaux exploits de MM. Viennet et Charlet qui, dans une course de 150 kilomètres, de Lyon à Mâcon et retour, font un *dead heat* en 7 h. 50 min.; ceux de MM. Gaiffe et Tissier, Rousseau et C. Thuillet, n'emplissent pas les colonnes. Le *Vélocipède illustré*, le grand souffleur d'enthousiasme qui, après la suspension de la guerre, a essayé de ranimer le foyer agonisant, envoie son dernier numéro le 24 octobre, tant il a trouvé peu de feu sous les cendres !

1873

Il fallait, en 1873 encore, un singulier désir d'excentricité ou une fière indifférence du qu'en

1. Ces brigades vélocipédiques durèrent jusqu'en 1875, époque où un bureau de télégraphie fut installé à la Bourse.

dira-t-on pour afficher en public l'amour de la
vélocipédie. Plaisir de « voyou » quand il était
monté par un inconnu, folie de « fils de famille »
quand il portait un jeune homme de nom distingué, étaient les petits sobriquets du vélocipède.
Cessant d'être plaisir, s'affirmait-il utilité, ren-
dait-il un signalé service par le transport rapide
d'un courrier, les grincheux le traitaient de tour
de force et répondaient que gagner sa vie à porter
une dépêche sur deux roues constitue métier de
pauvre diable, presque de pauvre honteux, qu'il
y a des gens déclassés qui montent à vélocipèdes
comme il y a des va-nu-pieds qui vendent des
souris blanches, comme autrefois dans le vieux
Paris on rencontrait des cireurs de pattes de dindons !

Alors le club de Grenoble, ce vaillant boute-en-
train de la vélocipédie, avait organisé des courses
au profit de l'œuvre ardente de la libération du
territoire, et contribué de sa petite obole à la dé-
livrance allemande du 17 septembre 1873.

Le sport oublié avait remis ainsi sa carte au
public, lorsque le procès de Bazaine s'ouvrit à
Versailles. Les journaux du soir de Paris atten-
daient sous presse chaque jour le résultat de la
séance, retardant de minute en minute leur tirage. Le télégraphe encombré ne leur expédiait
souvent le compte rendu que deux ou trois heures
après le dépôt. La vente sur les boulevards, trop

tardive, dépérissait. La clientèle resterait aux directeurs avisés! Quelques gérants intelligents sortirent d'embarras par le vélocipède. En 45 minutes, moyennant 25 francs, les vélocipédistes franchissaient les 15 kilomètres qui séparent Versailles de Paris; le journal était hâté, et souvent, à l'arrivée du train de Versailles, l'armée des crieurs vendait aux curieux qui débarquaient le récit du procès auquel ils venaient d'assister.

Le héros de l'année, pour les deux ou trois cents entêtés encore affiliés au sport vélocipédique, était M. Viennet qui, à Lyon, dans une course de 100 kilomètres, battait MM. Bardet, Fayet et ce Tissier qui devait acquérir bientôt une si grande réputation de coureur de fond; qui, à Chalon-sur-Saône, parcourait 272 kilomètres en 19 heures et triomphait de M. Gaiffe à Mâcon.

Enfin, le 26 octobre, l'armorial français frémit de tous ses écussons lorsque le bruit se confirma que M. le duc Charles de Feltre et son ami le comte Philippe de Neverlée étaient partis à bicycles pour un petit voyage de 90 lieues!... La noblesse rougit de leur incartade et la riche jeunesse indolente, que fatigue l'essai d'un habit ou la tenue en mains d'un jeu de cartes, leur retira son estime. Mais l'exemple était parti d'assez haut pour pénétrer profondément et rester droit fiché en terre : tout autour le ralliement se fit des vélocipédistes dispersés.

1874

Le rassemblement fut assez rapide pour que, le premier jour de l'année 1874, le premier numéro d'un journal parût, *le Vélocipède*, sous la direction de M. Bonami. Il serait le porte-paroles des nouveaux fédérés, le fil de communication du bicycle avec le public, le coin d'acier qui ouvrirait les cervelles récalcitrantes... Il ne fut aucun de tous ces outils, mais une désillusion de plus pour la vélocipédie. L'indifférence générale lui opposait sa force d'inertie; la dynamite n'eût pas désencombré la route des mètres cubes de dédain qui l'obstruaient. Le *Vélocipède* ne vécut pas.

Mais lentement la jeunesse est gagnée à « ces grandes diablesses de mécaniques ». D'abord elle regarde en curieuse, en envieuse ensuite, le courant vélocipédique nouvellement jailli, qui passe à ses pieds. Un à un les jeunes gens hésitent, se tâtent, et se jettent dans le courant; et une à une les commandes arrivent aux constructeurs qui rouvrent leurs ateliers. A Paris, Meyer; à Tours, J. Truffault; à Autun, Lagrange, n'éteignent plus leurs feux. Les machines se suivent, se poursuivent, et se ressemblent, comme des grains de chapelet.

Le bicycle de 1874 ne dépasse jamais la hauteur de 1ᵐ,20; Truffault en construit bien un de 1ᵐ,25 pour Laumaillé, mais il se demande, tout en l'ajustant, s'il ne commet pas une hérésie. Le bois est totalement abandonné depuis 1871. Un tube de fer, emprunté aux compagnies du gaz, forme le corps ; les roues, de fer plein, montées en tension, sont cerclées de caoutchouc. Le diamètre de la roue d'arrière est fort réduit : des quatre cinquièmes de celui de la roue d'arrière qu'il était, il est tombé à la moitié. Ce dispositif a un double but : réduire la base des roues pour rapprocher les pistes et empêcher le fouettement de la roue d'arrière dans sa fourche ; ce fouettement faisant perdre plus de travail que l'avantage d'un grand diamètre n'en fait gagner.

Le coussinet à boules d'acier est fort peu employé pour le roulement des axes dans les fourches. Les coussinets lisses ou parallèles, quand ils sont d'une main habile, sont préférés. Leur seul inconvénient consiste en ce que souvent, lorsqu'un choc ou une trop longue trépidation les a quelque peu déréglés, ils permettent aux manivelles de battre en breloque dans la fourche d'avant. Meyer a proposé deux corrections à ce défaut, des axes légèrement convexes dans des coussinets légèrement concaves, ou des axes garnis de renflements coniques roulant dans des gouttières ; mais le remède a aggravé le mal, le moindre dérangement de ces parties trempées donnant un coinçage invincible et l'arrêt instantané de la machine.

Autour de ce modèle, simple, pratique, universellement loué, poussèrent deux ou trois cu-

riosités qui voulurent le mettre sous leur ombre
et que leur ridicule renfonça vite sous terre. Elles
promettaient une révolution immédiate de la locomotion, demandaient à grands cris des capitaux, au
point d'effrayer les actionnaires mêmes des chemins de fer; et le
sort goguenard ne
nous a pas laissé
seulement leur cro-
quis ni leur des-
cription !

M. Rousseau,
constructeur - mé -
canicien, refusait,
au mois de mars,
de construire un
tricycle du poids
de 2 000 kilos, « ac-
tionné par une es-
pèce de mouve-
ment perpétuel qui

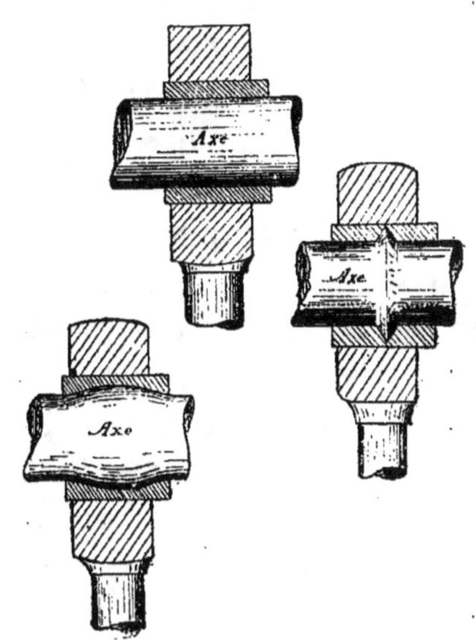

Les coussinets lisses de Meyer.

a pour moteur de grandes roues à marteaux ». Il
profitait de la circonstance pour affirmer à de bons
coureurs comme Moret et Bellay, qui soutenaient
la thèse opposée d'un grand poids nécessaire au
lancé de la machine, que la légèreté serait toujours en vélocipédie une des conditions de la vitesse, et que les bicycles à venir fourniraient une
plus grande vitesse parce qu'on saurait leur don-

ner une plus grande légèreté. — Cette assertion semblait en 1874 énoncée par M. le baron de Crac ; émise aujourd'hui, on l'attribuerait à M. de La Palisse.

Le 10 avril, le *Petit Moniteur universel* racontait : « Hier, cinq cents personnes, rue de Castiglione, poussaient des cris de terreur en voyant se diriger tour à tour sur chacune d'elles un vélocipède extraordinaire. Figurez-vous un monsieur assis, suspendu entre deux roues gigantesques auxquelles il transmet le mouvement au moyen de pédales. Le tout enchevêtré de bancs, de courroies, d'engrenages se mouvant avec des allures fantastiques. Enfin une vraie Tarasque ! Les gens du Midi l'ont bien reconnue. Il était temps que de courageux sergents de ville vinssent mettre fin à un tel émoi et emmener vélocipède et vélocipédiste au poste de la rue Saint-Roch. » — Le monsieur éconduit était l'auteur, M. Robin, 65, rue du Ranelagh, à Passy, qui ne paraît pas avoir réclamé.

La clameur de ces combats fut assez retentissante pour frapper jusqu'aux oreilles, sourdes aux bruits extérieurs, des savants. L'École polytechnique voulut bien analyser le bicycle, chercher son essence mécanique. Un de ses anciens élèves, M. Alphonse Marchegay, publia en 1874 à Lyon une brochure in-8 intitulée : « Essai théorique et pratique sur le véhicule bicycle », qui reprenait et amplifiait les équations déjà posées sur ce sujet par M. Macquorn-Rankine, professeur à l'Université de Glascow.

D'abord l'auteur s'étonne de l'ignorance des profanes en matière de *dynamique,* alors que la *statique* leur entre si facilement dans l'intelligence : pourquoi comprenons-nous qu'une pierre tombe si on la lâche et ne pouvons-nous pas nous expliquer aussi aisément qu'un cerceau roule verticalement si on le pousse? Notre intelligence n'est, paraît-il, boiteuse ainsi que parce que notre éducation l'a maltraitée. « Nos idées générales en mécanique se bornent en effet à quelques notions de statique, cette partie de la mécanique qui ne traite que de l'équilibre des forces et ne s'occupe par suite que des corps en repos ou animés d'un mouvement rectiligne et uniforme. Quant à la dynamique, qui étudie le mouvement des corps en général et cherche les rapports existant entre ces mouvements et les forces productrices, sa connaissance est fort peu répandue. Outre la complexité plus grande des questions traitées par la dynamique, cette science est bien plus récente que la statique, créée par Archimède trois siècles avant notre ère par sa théorie du levier, tandis que c'est seulement à la fin du xvie siècle que Galilée commença la dynamique par la découverte des lois du mouvement uniformément varié. »

Une forêt de calculs algébriques couvre ensuite

plusieurs pages, pour arriver à cette clairière :
« Le poids du bicycle, étant un poids mort, doit
être réduit au minimum. La résistance à la propulsion diminuant lorsque le diamètre de la roue
motrice augmente, il y aura avantage à avoir de
grands instruments. »

Les équations compliquées du polytechnicien
se résolvaient donc par la découverte de deux inconnues que la pratique, faisant la preuve, trouva
justes : une plus grande hauteur nécessaire à la
roue motrice, un moindre poids à la machine. La
première devait avoir son application l'année
même, 1874; la seconde, l'année suivante.

L'adoption par les fabricants du principe de la
hauteur fut provoquée par un fait brutal et désa-
gréable qui leur ouvrit les yeux, de même qu'il
faut à certaines gens un bon coup sur le nez pour
y voir clair : un Français, Camille Thuillet, qui
était allé courir en Angleterre sur un excellent
véloce de Meyer, de 1^m,20, revint battu par des
adversaires qui ne lui étaient pas supérieurs mais
qui étaient montés sur de plus hautes machines :
ils n'avaient pas pédalé plus vite que lui, mais
chaque révolution de leurs roues avait développé
1 mètre de plus que la sienne.

Sur ses indications l'ancien bicycle français se
transforma : la roue motrice atteignit 1^m,35, 1^m,40
quelquefois; la selle se rapprocha du gouvernail
pour apporter le poids du corps au-dessus des

manivelles, la vitesse doubla, et, avec elle, la chance des chutes en avant...

Les accidents étaient au reste assez fréquents à cette époque inexpérimentée. L'*Association scientifique de France* de 1874 disait : « Les médecins ont eu à traiter une grande variété de blessures résultant d'accidents de vélocipède. La blessure la plus commune a été la dislocation des extrémités supérieures, et notamment du radius. Quelques fractures du cubitus ont aussi été constatées, avec de graves foulures aux poignets. »

L'orthopédie, en la personne d'un préfet, se vengea du vélocipède. Le 9 novembre 1874, M. Léon Renault, préfet de police, rendait une ordonnance qui, tout en « reconnaissant que l'interdiction complète de la circulation des vélocipèdes nuirait à des intérêts sérieux », assimilait le vélocipède à une voiture, lui ordonnait le port d'une lanterne la nuit, d'une plaque avec nom et adresse du propriétaire en tout temps, lui prescrivait en sus un grelot, et lui interdisait le passage de trente et une voies de Paris. — Fontaine intarissable versant les contraventions à pleins sergents de ville sur le pauvre monde vélocipédant !

Les tracasseries administratives affirmaient la résurrection de la vélocipédie. Elles ne se trompaient point. Les courses devenaient peu à peu les vraies assises des velocemen. Souvent, de villes éloignées, accouraient des spectateurs qui, pour rejoindre le champ de courses, faisaient sur leur monture plus de chemin que les coureurs qu'ils applaudissaient. Mais c'était si bon plaisir de rejoindre la petite troupe de partisans et, entre deux bicycles adossés à un arbre, de bavarder des pronostics, de l'entraînement, des excursions et des méchancetés de paysans, que la fatigue fondait dans la conversation !

Le champion des années précédentes, M. Viennet, ne court plus. Il vient de partir au service militaire. Son compatriote, M. Joguet, le remplace et gagne, par d'excellentes qualités de fond, la course des 272 kilomètres qui séparent, aller et retour, Lyon de Chalon-sur-Saône. Mais les contemporains semblent mettre à plus haute cote le Parisien Camille Thuillet : ils le chargent en septembre de défendre en Angleterre la réputation française. Thuillet, ainsi qu'on l'a vu, est battu par l'Anglais Keen dans un handicap où il lui rend 90 mètres sur 1 600, et sa défaite apporte le double enseignement du haut bicycle aux constructeurs et du véritable handicap aux organisateurs de courses : le ridicule handicap par poids de 1870 est supprimé et remplacé par le handicap de distances. Le premier handicap nouveau modèle est couru en France à la fin de 1874 aux courses de Vaugirard.

Le *Vélo-Sport de Paris*, l'ombre d'un club depuis la guerre, s'était reconstitué vers le milieu de l'année. Ses décisions faisaient alors juridiction en matière de courses, et la province entière accepta sa combinaison nouvelle des handicaps.

1875

L'année 1875 fut, après ces années desséchées, véritablement une halte fraîche, l'auberge qui clôt la route brûlée : les consommations y ont belle couleur, et belle mine les consommateurs. On chante beaucoup dans la salle, on travaille encore plus dans la cour.

L'activité de 1869 souffle à nouveau. C'est un vent de renaissance. 1875 est le xvie siècle du vélocipède. Pour ramasser une comparaison qu'ont si souvent mise sur leur tête et élargie les écrivains, je dirai, coiffant à mon tour le vieux bonnet, que 1875 a ciselé la couronne de la vélocipédie. Aucune pierre nouvelle n'y a été sertie depuis cette époque. En quelques mois ont été montés les trois brillants qui composeront à jamais l'aigrette cycliste : le diamant blanc, le *touring*, le plus gros et le plus pur, notre *Régent*, par le célèbre voyage de MM. Laumaillé et Pagis; le diamant jaune, le *racing*, aux couleurs poussiéreuses d'une piste, par l'entraînement et la préparation d'extraordinaires performances du coureur

8

Charles Terront; le diamant noir, la vélocipédie militaire, aux reflets sombres des corbeaux qui suivent les armées, par les premières expériences guerrières de l'Italie.

La matière vélocipédique fit alors des inspirés, comme en faisait sous François Ier et Henri II la matière d'or et d'argent. Vélocipède sembla à beaucoup œuvre d'art. Benvenuto Cellini n'a pas ciselé plus amoureusement une aiguière, que Meyer n'a parachevé un bicycle, et Bernard de Palissy, brûlant ses meubles pour la cuisson d'une découverte de céramique, n'est pas mort sans laisser à l'inventeur de la jante creuse, à J. Truffault, le secret de ce merveilleux déménagement par la cheminée.

Pendant l'été de 1875, les grands journaux, en disette d'informations, s'abreuvèrent, à s'en faire craquer les colonnes, de la prouesse d'une jument étrangère. Un lieutenant hongrois, M. Zubowitz, chevauchant la belle jument *Caradoc*, était, en quinze journées, venu de Vienne à Paris. Le reportage déchaîna ses meutes, et cette arrivée fut saluée de tant d'aboiements d'honneur que la jument en eut un transport au cerveau : elle mourait quelques jours après dans les bras d'un monsieur qui l'avait payée fort cher au Hongrois.

Mais l'odeur des lauriers dont on avait natté sa crinière donnait des nausées aux vélocipédistes.

Une réunion décida qu'on arracherait avec les crins ces feuilles vaines de la gloire et qu'on les piquerait à la casquette de soie des cyclistes! Le *Véloce-Club d'Angers*[1] choisit M. Laumaillé, le *Vélo-Sport* de Paris désigna M. Pagis, son secrétaire, pour ce transfert. Il fallait montrer qu'une prouesse de cheval équivaut à une simple promenade de vélocipède.

Tous deux montaient des bicycles anglais, à billes, pesant 23 kilos. Les roues d'arrière mesuraient $0^m,62$; celles d'avant, $1^m,23$ pour le premier, $1^m,3o$ pour le second. Un journaliste anglais, M. Saunders, les suivait en chemin de fer pour le contrôle de leur passage dans les villes.

Le 12 octobre, à 8 heures du matin, ils partent de la place du Château-d'Eau, avec une escorte alternative de pluie et de soleil pendant quelques jours, jusqu'à la frontière. Puis le temps s'épure. En Alsace la sécheresse est venue. Les routes fermes provoquent de grandes vitesses et, d'une commune imprudence, les deux voyageurs retirent le frein de leurs machines. La ville de

1. Le *Véloce-Club d'Angers*, fondé le 12 mai 1875, est peut-être aujourd'hui le cercle français le plus brillant. Ses fondateurs et administrateurs successifs ont fait cette grande prospérité, MM. Soux, Laumaillé, Ribert, Martin, Hureau, Aubin, Bouteloup, etc. Angers est aujourd'hui la pépinière cycliste qui a donné les plus fameux coureurs : Jiel-Laval, Aubry, Nadal, Baudrier, Laulan, Rolo, Charron, Chéreau Béconnais, Cottereau, Lemanceau, etc.

Saverne est précédée d'une longue descente : Pagis met pied à terre, mais Laumaillé reste en selle; il perd la maîtrise de sa monture qui s'emballe et manque le tuer au bas.

Le Wurtemberg et la Bavière sont hérissés de pierres; ce sont des étendues de gravats mieux que des routes. Les machines se révoltent, ont des crises de coussinets, refusent d'avancer, se font porter par leurs cavaliers. En Autriche, le vélocipède de Pagis tombe gravement malade : les coussinets de devant bâillent et montrent leurs trente-deux billes; le caoutchouc d'arrière se soulève et pend sur la jante. C'est la onzième journée de marche et Vienne n'est plus qu'à 23 kilomètres. Faut-il renoncer à battre l'ennemie *Caradoc?* Laumaillé continue seul et entre à Vienne, le dimanche 24 octobre, à 11 du soir. Pagis, par le train, le rejoint le lundi matin.

Le succès de ce voyage fut carillonné dans tous les pays. En 12 jours et 10 heures, sans fatigue, par 100 kilomètres à la journée, deux vélocipédistes avaient parcouru 1254 kilomètres! Une révélation sortait de là : une nouvelle façon de voyager, faite d'hygiène, de rapidité et d'économie, une substitution, tout indiquée pour un homme intelligent et de muscles même moyens, au cheval qui dévore cent sous de nourriture et de soins par jour, marche peu vite, peu longtemps, et crève la troisième semaine; au chemin de fer, qui mange les paysages et n'apprend au voyageur que les poteaux télégraphiques et les gares d'un pays.

Le tourisme prend date du voyage de MM. Laumaillé et Pagis, le tourisme, la seule raison du vélocipède pour beaucoup, sa seule excuse pour quelques-uns, en tous cas son mode le plus sain à l'esprit et au corps et l'unique cause de son extension.

Le sport reçut presque aussitôt, sous les espèces d'une invention précieuse, l'encouragement que le public tardait à lui donner. Le dernier perfectionnement dont les mathémathiques de M. Marchegay avaient démontré la nécessité, la légèreté de la machine, va mettre entre les jambes des velocemen un bicycle si ténu que le poids du pied, non son effort, suffira à l'actionner. La jeunesse ne pourra plus prétexter de la faiblesse de ses jarrets pour se garer de la vélocipédie; la pauvreté du porte-monnaie ou de l'intelligence sera seule l'excuse de son abstention.

Un constructeur de Tours, Jules Truffault, doué d'une rare compréhension des phénomènes mécaniques de la vélocipédie, semblait avoir fait sa vocation de l'amélioration des véloces. Le marteau à la main, il donnait la chasse à leurs derniers parasites, leurs défauts de lourdeur. Lui-même s'étonnait que l'Angleterre, qui avait si longuement distancé la fabrication française, se contentât encore de rééditer à pleines forges les machines de 20 kilos dont Meyer avait autrefois donné l'étalon.

Ses découvertes furent œuvres de ses déductions. Le vélocipède est pesant, disait-on couramment, parce qu'il est en fer et que le fer est pesant. Truffault répondit qu'il était pesant parce qu'on employait le double du fer nécessaire à sa solidité. Pour l'alléger de moitié, sans l'affaiblir, il suffisait de retirer une moitié de fer de l'intérieur même de la machine. Jusqu'ici, seul le corps était creux; tout serait creux désormais.

L'expérience prouvait qu'une colonne évidée, de suffisante épaisseur, supporte un même poids qu'une colonne massive de diamètre égal, et résiste mieux qu'elle à la torsion. Truffault conclut que la fourche du bicycle, les deux colonnes de l'édifice, bénéficierait, creuse, des qualités de rigidité et de légèreté qu'elle ne possédait pas, pleine. Deux fourreaux de sabres de cavalerie créèrent le rôle de ces colonnes et le jouèrent longtemps, au dire de l'auteur, toujours applaudis.

L'étude théorique des leviers, appliquée à la vélocipédie, aboutissait à cette conclusion, que la manivelle est la petite branche du levier et que la jante en est la grande; que cette fâcheuse et inévitable disposition oblige le veloceman à déployer à l'extrémité de la petite branche, pour mouvoir la grande, une force deux ou trois fois supérieure à celle qui serait nécessaire pour mouvoir directement le même poids. L'habile répartition des pièces lourdes serait le correctif : 2 kilos sur l'axe des manivelles pèsent moins au vélocipédiste qu'une livre sur la jante. Il fallait donc alléger la jante au maximum possible.

Les constructeurs, jusqu'en 1875, formaient la jante d'une sorte de rigole de fer, épaisse, dont les bords se relevaient, comme les branches d'un V très ouvert, pour couvrir le caoutchouc. Truffault commença par amincir jusqu'à l'épaisseur d'un

Jantes pleines.

Jantes creuses
de Truffault.

carton ce cercle massif ; il écarta les branches au point de faire du V une moitié d'O bossu, et trempa cette innovation. Il espérait que la trempe est sœur de la rigidité : au premier coup de pédales, à l'essai, la roue pincée entre deux pavés, comme entre les mâchoires d'un étau, se tordit subitement en un 8 allongé. Ce n'était pas une jante, c'était un ressort.

Truffault démonta les rayons et commença sur l'enclume à frapper la traîtresse pour la briser. Mais la trempe était bonne et ce fut le manche du marteau qui cassa. L'instant de réflexion qui suivit engendra la jante creuse. En effet, tout aussitôt, le constructeur imagine de couvrir cette jante simple d'une feuille très mince de métal qui l'enserre et s'oppose à toute déformation ; la trempe est superflue désormais, la solidité est extrême. La machine, remontée, est pesée : 15 kilos !

Les coureurs ont compris, et des champs d'entraînement les dépêches de commandes cinglent vers Tours. Mais l'inventeur avait plus le génie de la mécanique que celui du commerce ; sa découverte lui donna un grand nom et peu d'argent...

Elle était née trop tard dans l'année pour prendre part au grand concours international de machines vélocipédiques que l'Exposition de géographie accueillit dans son local des Tuileries : les habiles forgerons anglais récoltèrent là toutes les médailles pour leurs adroites exécutions, aux fins ajustages, des inventions françaises. Une prochaine fois, ils reviendront faire moisson de diplômes pour l'application de la nouveauté française, la jante creuse, que la France n'aura pas su garder ! — Mais, dans le lointain, pédale notre revanchard, le coureur Charles Terront, qui remettra à hauteur le pavillon que doivent amener nos fabricants.

Les courses de 1875 n'ont de valeur et d'intérêt que par la préparation qu'elles font de nos futures victoires. Tandis que le *Vélo-Sport* de Paris faisait courir au Jardin des Tuileries le Championnat de France, dénoué par la victoire de Moore et donnant l'occasion à MM. Camille Thuillet, Pascaud, Pagis et Rousseau, de prouver au public leur habileté, deux Lyonnais, MM. Joguet et Viennet, commençaient la conquête de l'Angleterre cycliste ! M. Viennet, dans deux séries de la grande course de Wolwerhampton, fut premier ; dans la finale, troisième seulement, après une chute terrible occasionnée par un spectateur. Dans cette même course, M. Joguet, montant le bicycle de son ami, battait le champion des amateurs anglais, Taylerson.

Ces équipées en terre anglaise faisaient le bonheur et le désespoir du *Velo-Sport* de Paris : le nouveau système de handicaps par distances, adopté en 1874, n'avait pas eu le succès attendu. Aucun coureur de force moyenne n'avait été, en 1874, placé à l'arrivée ; le découragement qui s'ensuivit dans la gent des courses eut tous les caractères d'une épidémie. La pénurie des coureurs fut telle que, au moment du championnat international de Wolwerhampton, le *Vélo-Sport* s'étant chargé de l'organisation de deux réunions le même jour, à Montmorency et à Alfortville, dut déployer toute son habileté pour former les deux petites troupes suffisantes.

La charité aussi trouva son compte au renouveau du cyclisme. La ville de Grenoble, que son altitude désigna dès la naissance de la vélocipédie

pour rester au-dessus de la plaine un phare à feu
continu, offrit aux inondés du Midi, lors de la
visite du maréchal Mac-Mahon, l'encaisse de
courses brillantes. Le bruit des pièces de cent
sous qui tombent en aumône sonne l'accord parfait avec celui des grelots.

1876

L'hiver passé, dès le premier soleil de 1876,
la vélocipédie se réveilla. Elle se sentait courir
sous la peau un sang jeune et chaud : il lui fallait
le grand air. L'atelier fut déserté pour la piste.
Aussi bien n'y avait-il déjà presque plus rien à
faire devant une enclume, la bille, la jante
et la fourche creuses étant trouvées ; mais devant le poteau la besogne inachevée formait tas !
Après le bon instrument, le bon produit de cet
instrument ; après le beau bicycle, la belle course.
Le Français, cet inventeur doublé de routinier,
— de l'argent plaqué de cuivre, — ce naïf qui
laisse ses découvertes, à peine nées, une à une
glisser entre ses mains comme des anguilles qui
se hâtent vers la rivière, et traverser la Manche,
va inscrire sur le drapeau du starter ces premières
performances d'or qu'on donnera plus tard en
lecture exemplaire aux petits apprentis coureurs
de tous les pays. Et tout aussitôt ces nouvelles
prouesses vont recevoir chez nos propres conci-

toyens un tel accueil qu'aujourd'hui encore notre public, tenez, le premier individu aux mains lavées que le hasard assoira à vos côtés sur l'impériale d'un omnibus, vous murmurera, voyant passer une bicyclette, que « les Anglais ont le génie de la mécanique puisqu'ils ont inventé le vélocipède » et qu'ils possèdent des coureurs « comme nous n'en avons jamais eu » !

L'apathie générale ternit les brillants records de 1876. Il s'en faut de peu aujourd'hui — de l'épaisseur de quelques feuilles de papier — que le souvenir de ces hauts faits ne soit caché dans la seule mémoire des amateurs contemporains, cette terre ou ingrate ou ultra-reconnaissante. La grande presse de l'époque ignore ou ne veut pas savoir ; ses reporters sont aux chiens écrasés. Seule, une toute jeune feuille hebdomadaire, poussée en plein hiver, le 1er janvier 1876, un perce-neige, un perce-préjugés même, la *Revue des sports*, indique régulièrement, tout en queue, avant la signature du gérant, les conditions des courses à venir et les résultats des épreuves passées. C'est peu, mais encore, lorsqu'on va se noyer, ces petits bouchons, qui flottent de-ci de-là, vous portent-ils à la surface de l'eau.

Avant de commencer sa campagne de courses de 1876, la vélocipédie française regarda un peu autour de soi. L'Angleterre et l'Amérique se bombardaient de défis.

Les diplomates avaient décidé de vider la querelle en un champ clos où le roi vélocipédique de chacun des pays attaquerait son adversaire en combat singulier. L'Anglais Stanton, muni d'un bicycle de Keen, de 1^m,37, prit donc le paquebot pour New-York où, le lundi de Pâques, il joignit l'Américain Clellan armé d'un bicycle de Coventry de 1^m,40. L'épreuve, de 80 kilomètres, fut courue dans le ring du Central-Park Garden.

Pendant les six premiers tours, les deux rivaux roulèrent côte à côte. Le train était bon. Clellan tirait la langue, Stanton souriait. Tout à coup l'Anglais appuya un peu sur les pédales et, sans paraître y voir malice, continua la course, par deux tours de piste quand son adversaire n'en faisait qu'un. Le pauvre Américain, à bout de forces et de stupéfaction, descendit de machine et laissa Stanton achever seul son insolente victoire en 3 h. 9 minutes. Le vainqueur d'ailleurs se déroba aux applaudissements, où il soupçonnait quelques poings, et reprit en hâte le paquebot pour Londres. Une provocation de M. Camille Thuillet, membre du *Vélo-Sport* de Paris, l'attendait.

Une rencontre fut organisée en août à Tunnel-Park, sur une distance de 20 milles (32 kilomètres). Thuillet battit le facétieux Stanton en 1 h. 14′ 46″. Le 2 septembre suivant, à Lillie-

Bridge, dans un match de 5o milles (8o kilomètres), Stanton rendait avec peine à Thuillet la
monnaie de sa victoire par une faible avance de
2 secondes en 3 h. 14' 8''.

Cette petite déconvenue finale fut balayée par
MM. Joguet et Charles Terront qui venaient d'arriver à Wolwerhampton pour la course internationale. Joguet, coureur adroit, coureur de tête
autant que de jambes, prenait la première place
devant Ch. Terront encore trop jeune pour l'expérience, fertile en enlevages inutiles, confiant en
ses seuls jarrets.

De belles journées françaises avaient préparé
ces grands jours anglais. Au commencement de
l'année, une épreuve de fond entre Paris et Pontoise plaçait Ch. Terront en tête, suivi de Camille
Thuillet. Le Championnat de France, couru à Angers, répétait au nº 1 de la liste d'arrivée le nom
de Terront; Terront par-ci, Terront par-là! La
course, renommée aujourd'hui encore, d'Angers
à Tours, aller et retour, 220 kilomètres, le comptait grand favori. Mais les parieurs disposent
et les machines ordonnent : le caoutchouc du véloce choyé se décolla, et Tissier, de Chambéry,
affirma en 11 h. 27 ses hautes qualités de coureur
de fond.

En 1876, le vélocipède n'est qu'un cheval de
course. Courir, fût-ce sur un cercle de tonneau;
courir, dût-on mourir. Sur les grands vélodromes,

honorés la veille des vitesses savantes des Terront,
Pascaud, Thuillet, Viltard, le lendemain de petites courses bâtardes, les grotesques du sport,
plantent leurs piquets. Le vélocipède de fer, vieil-
lerie d'un grenier de campagne, s'enorgueillit,
prend des allures, frétille de la petite roue, porte
haut le guidon sur terrain si noble et se donne le
genre d'étaler son cavalier aussi insolemment que
le bicycle d'acier. Le 4 juin, à Angers, le programme annonce : « A 2 heures, courses de vélocipèdes ferrés. Des médailles seront données en
prix et le montant des entrées sera réparti ainsi :
trois sixièmes au premier, deux sixièmes au
deuxième et un sixième au troisième. » — A Rouen,
au mois d'août : « A 1 heure, courses de véloces
au-dessus d'un mètre; à 1 h. et demie, course
pour véloces d'un mètre au maximum. » — Heureux encore lorsque le revenant de bois n'accourt
pas, comme en octobre à Céragny, réclamer sa
place à la fête!

Mais, baste! la même foi met en selle tout ce
monde jeune, qui sur un gracieux Truffault, qui
sur un épouvantail, tous petits-fils de Michaux;
et il ne sied pas de rougir de ses cousins!

⚕

Tout roulait bien. L'administration mit donc
dans les roues toutes les règles de ses bureaux. Le

combat du rond de cuir et de la selle suspendue. Lyon devint jésuite, serpentin, pour atteindre l'interdiction des courses. D'abord on défendit dans la ville la circulation de tous les vélocipèdes, montés ou non. En octobre, quand on parla de courses, la préfecture, les larmes aux yeux, bien chagrinée, la pauvre dame, répondit par un papier d'interdiction. Oh! elle aurait bien voulu consentir, mais la loi! la loi avait barre sur ses meilleures intentions : le vélocipède était interdit dans toute la ville! En vain lui représenta-t-on que la piste était circonscrite de cordes, à l'abri du public, et que son raisonnement conduisait à l'égale suppression des courses de chevaux, un cheval devant, dans la ville, faire son maximum du petit trot. La vieille affirma sa bonne volonté, mais la loi! Et le tour fut joué.

Vers la même date, la bureaucratie parisienne envoya sa ruade. M. Pagis ayant demandé au ministère de l'intérieur l'autorisation, accordée l'année précédente, d'organiser des courses au jardin des Tuileries, reçut un refus « sur avis défavorable de M. le préfet de police, M. Félix Voisin ». — On a toujours soupçonné le préfet d'avoir fait de cette décision une échappatoire personnelle aux instances de son fils aîné qui le suppliait de lui acheter un vélocipède.

On pourrait croire que la bonne entente des vélocipédistes rattachait les liens que l'administration brisait. Ce serait oublier que nous sommes en France, où les hommes n'aiment pas former leurs intelligences en faisceau, préfèrent batailler isolément et se voir écraser par la discipline de leurs adversaires.

Une question byzantine de courses tomba subitement dans la mare aux grenouilles, dont on coassa de longs mois. Qui était, pour cette année 1876, le champion français et qui était le champion de France ? — Le champion français est le plus fort coureur français, celui qui a remporté, en France, les plus beaux succès d'une année. — Le champion de France est le gagnant, même étranger, du championnat international couru en France cette même année.

Le champion français en 1876 : Thuillet ou Terront ? — Thuillet avait été battu par Terront à deux reprises : dans la course de fond de Paris à Pontoise et dans le championnat d'Angers. Mais Terront avait été battu à Wolwerhampton par M. Joguet. Donc Joguet est le champion français jusqu'à ce que Terront prenne sur lui l'avantage.

Le champion de France : Moore ou Terront ? — Moore avait gagné l'année précédente le championnat des Tuileries. Terront venait de gagner à Angers celui de 1876, mais les deux rivaux ne s'étaient pas rencontrés. Moore était-il déchu de son trône ? Rien ne motivait cette déchéance. Donc

Moore est le champion de France jusqu'à ce que Terront reprenne sur lui l'avantage.

La discussion aboutissait ainsi à faire livrer deux combats par Terront. Mais l'année fuyait; Moore et Joguet se trouvaient en Angleterre; il était long d'organiser une course. Terront offrit alors de battre, dans une épreuve qu'il courrait seul, les distances qu'avaient couvertes et Moore et Joguet. — La proposition était inacceptable, une course ne se composant pas exclusivement de vitesse, mais de beau et de mauvais temps ou terrain, de mille imprévues qu'il est impossible quelquefois de retrouver égales à deux heures près.

La question resta inachevée; elle n'eut pas de queue, comme les grenouilles qui s'en étaient si fort agitées. Et l'esprit du *Véloce-Club* de Marseille s'employa en plus jolie besogne lorsque le cercle donna au mois de novembre, dans le jardin de ville de Toulon, une grande fête nocturne où des courses de vitesse et d'adresse succédèrent à l'exhibition de son monocycle par M. Rousseau; où, dans la fraîcheur de la nuit, les vélocipédistes attablés choquèrent leurs verres au pied des arbres avec, au-dessus de la tête, des ballons rouges piqués dans les feuilles.

La fédération des velocemen devait au reste se signer autour des verres. Un amoureux sincère du sport, un de ses glorieux, M. Pagis, convoqua

pour le 3o décembre au café Vercingétorix, rue de
Rennes, tout ce que la vélocipédie comptait à
Paris d'intelligences et de bonnes volontés. Après
un discours explicatif, il lut les statuts longuement médités de la société qu'il se proposait de
fonder, réglementant les courses et les coureurs,
ramassant les forces éparses pour les lancer vers
le but commun de l'affranchissement et de l'entière liberté, et créa l'*Union vélocipédique parisienne*. — M. Pagis finissait l'année par une œuvre
salutaire, mais l'avenir lui démontra que la plupart des hommes possèdent une pointe au lieu du
cœur et qu'un faisceau de pointes blesse les mains
de celui qui le veut lier.

1877

L'Union parisienne jetait ainsi le Vélo-Sport
à bas de son fauteuil présidentiel et s'y asseyait.
Le détrôné en mourut, car ce n'est plus vivre
encore que de soutenir par l'encaisse de quelques
centaines de francs un nom jadis connu.

Dès la reprise de l'année 1877, l'Union commença à coups de statuts à émonder les vieux
errements vélocipédiques. Sa loi n'avait pas la
prétention de s'imposer à toutes les sociétés françaises ; elle espérait seulement vaincre par ses
charmes, se montrer si juste et utile que son
adoption serait partout réclamée. Elle se promet-

tait d'édifier un code de courses modèles, ayant, depuis la culotte du coureur jusqu'au drapeau du starter, prévu le moindre oripeau et jugé sans appel l'importance du plus microscopique détail. De fait, les règlements de l'Union parisienne pivotaient, presque tous, sur le bon sens, et cet inusable pivot en a conservé le mécanisme intact jusqu'à nos jours : on court encore aujourd'hui sous la règle Pagis.

L'organisation des courses a eu à toute époque un point sensible, la classification des coureurs. Handicap par poids, handicap par distances, avaient laissé la douleur aussi vive : les fortes pédales gagnaient toujours ; les autres, toujours perdantes, restaient à la remise ; et plus d'une épreuve nécessita de la diplomatie pour réunir trois partants. L'Union parisienne palpa longtemps le mal, chercha sa racine, et subitement, dès janvier, y plongea le bistouri. Les anciennes attaches coupées, un nouveau système fut greffé. La nature des prix distinguerait les coureurs désormais : le prix artistique, glorieux, le bronze ou la médaille désignerait *l'amateur* ; le prix espèces, banal, la pièce de cent sous, montrerait au doigt le *professionnel*. Distinction inutile, copiée des règlements anglais ; vérité peut-être dans Londres retardataire où la société a encore des castes fermées, erreur dans Paris démocratique où courir pour gagner cent francs et courir pour un bronze d'une valeur de cent francs sont une même affaire; en tous cas, immense toile d'araignée tendue à toutes les discussions. L'Union établissait ainsi dès la première heure une séparation entre les velocemen qu'elle prétendait rassembler et serrer dans une étroite et égalitaire affection. Ses mérites d'ailleurs lui permettent de supporter ce dur reproche, et que celui qui n'a jamais failli lui jette la première bille !

Le guignon était au reste dans l'atmosphère de 1877. Plus on s'occupa des courses et on les astiqua, moins elles brillèrent. Au régime un peu anarchique de 1876 où les individus n'obéissaient guère qu'à leur initiative, où Charles Terront se taillait de la gloire au kilomètre, succède la période enrégimentée de 1877, qui trouve les meilleurs coureurs hors de forme et ne fournit que des médiocrités. La presse même, du moins l'unique feuille qui donna un coin d'abri à la vélocipédie, la *Revue des sports*, bien que dirigée depuis le 1er janvier par un partisan, M. Paz, ne consacre plus régulièrement une place hebdomadaire à sa protégée, et quelquefois, de quinzaine en quinzaine seulement, le lecteur court sus à une petite réclame vélocipédique ou à une minime annonce de réunion.

Au mois de janvier, Camille Thuillet s'était embarqué pour l'Angleterre. Un professeur de patinage, M. Pillout, lui avait porté défi en vélocipède : il fallait remettre ce patin à sa place. Le

27 donc, au Skating-Palais, les affiches annonçaient au public qu'un match de 20 kilomètres allait être disputé par M. Pillout... à M. Stanton. Le nom du champion anglais, très populaire en son pays, avait attiré aux guichets foule de curieux payants, qui avaient arrondi la recette. Mais le guignon, qui plana tout l'an au-dessus des courses, tomba sur les épaules de ce Stanton, qui fut battu... et démasqué : car de Stanton il n'y avait là que le nom, Camille Thuillet ayant jugé bon ce mauvais procédé d'entrer dans la casaque d'un coureur connu pour s'attirer les bravos ! [1]

En février, l'Union annonça sa première course de fond pour le 4 mars prochain. On courrait 15 kilomètres autour de Longchamps. Le guignon descendit sous forme de pluie, mit les routes en pâte et rejeta la réunion à la semaine suivante. La course eut lieu le 11, entre le pont de Saint-Cloud et celui de Neuilly, sur la rive droite de la Seine, donnant les premières places à MM. Fiquet et Saint-Jean. Charles Terront n'était que troisième, séparé de son frère Jules par Hommey, quatrième.

Terront fut toujours un valeureux, mais jamais un chançard. Les minimes courses de 1877, il n'a qu'à monter en selle pour les enlever d'un coup de jarret : à Montauban, à Angers, à Paris, dans toutes les réunions suburbaines, personne n'atteint à sa petite roue. Mais vienne l'heure des épreuves

1. *Revue des Sports.* 1877.

9.

solennelles, aussitôt le guignon saute en croupe.
Dans la seconde course de fond d'Angers à Tours,
son véloce se blesse à un passage à niveau, refuse
cinq minutes de reprendre l'allure et laisse passer
devant, une deuxième fois, l'excellent Tissier, qui
couvre les 220 kilomètres en 11 h. 23 min. suivi
de près par Terront et le futur constructeur parisien Clément.

L'art de construire un bicycle semble à cette
époque en France approcher du sommet. On construit peu, on construit bien. Les coussinets à
billes sont presque partout rejetés comme complications : la surface seule de cette opinion a une
teinte hérétique. Sur des coussinets lisses, Charles
Terront a établi ses plus précieux triomphes ; sur
des coussinets lisses, en 1877, il a parcouru en
12'48" les 5600 mètres de l'*Internationale d'Angers*, d'une vitesse à peu près imbattue aujour-
d'hui même. Les billes ne sont donc pas les révolutionnaires que l'on croit. Elles ont, en supprimant
dans les axes le graissage continuel et le grippage
accidentel, apporté une plus grande commodité,
non une beaucoup plus grande vitesse. Mais la foi
a toujours couvert de son pavillon la marchandise.

Jules Truffault poursuivait à Tours depuis 1875
l'idéal de légèreté dont il auréolait le bicycle. Mais

plus artiste que commerçant, plus connaisseur des secrets de l'acier que des mystères des agences de brevets, Raton tira du feu son invention pour Bertrand.

La première course d'Angers à Tours comptait trois machines du modèle Truffault. Laumaillé en montait une. Un coureur anglais, nommé Smith, débarqué en France pour rejoindre Angers, venait à Dinard de se casser la jambe. L'accident lui avait valu d'apprendre le français de dames qui le soignaient, et de recevoir la visite de Laumaillé qui lui apporta jusqu'au pied de son lit la merveille vélocipédique dont on vantait les prouesses. Smith examina longtemps la fabrication et rentra fonder en Angleterre la Compagnie *Surrey Machinists* qui exploita l'idée. Smith donna à Truffault son amitié; c'est une valeur qui vaut paiement.

Truffault rajusta ses lunettes et reprit le marteau. A la fin de l'année 1876, il décida d'allonger la jante en un V extrêmement pointu et parvint à y loger 304 rayons gros comme des épingles. La machine semblait un tissu léger. Le résultat lui plut assez pour qu'il le communiquât par écrit au directeur de la Compagnie anglaise *Coventry machinists* qui vint le voir à Tours, en 1877, cachant son étonnement sous son masque flegmatique, lui fit monter sur les pavés la machine, que, séance tenante, il paya d'un billet de 1 000 francs, fit emballer dans une caisse et remporta en Angleterre. Il était convenu avec l'inventeur que, si son procédé de jante était brevetable en Grande-Bretagne, il toucherait de la maison anglaise une

Le bicycle de 304 rayons de Truffault.

somme de 600 livres. Et ce soir-là Truffault crut au beau métier d'inventeur et rêva de rayons d'or.

Presque à la même époque il avait été mis en relations avec M. Clément, ouvrier serrurier de grande intelligence, coureur de sang, qui flaira vite l'avenir de la jante creuse et le décida à signer avec lui une convention : Truffault trouverait un commanditaire, et l'année suivante, 1878, Clément exploiterait à Paris la mine aurifère de l'invention ; l'inventeur toucherait 10 francs par machine. Et ce matin-là, Truffault s'arrêta de travailler, étouffé par l'espérance, et s'imagina entendre rouler une fortune dans ses jantes creuses !

Au mois d'avril 1877, les annonces de la quatrième page de la *Revue des sports* se serrent un peu pour donner place à celle-ci : VÉLOCIPÈDES NOUVEAU SYSTÈME, B. S. G. D. G. — *Dix lieues à l'heure, peu de fatigue, pas de dangers.* — *Bicycles de 1^m,40 à 2 mètres.* — *Roues perfectionnées ne se desserrant pas.* — RENARD FRÈRES, MÉCANICIENS, 11, *rue Duret, à Passy.*

Dix lieues à l'heure, des bicycles de 2 mètres ! on se frotta les yeux, on pensa à une erreur typographique ; mais l'annonce reparut deux, trois fois. Il fallait bien s'avouer l'enthousiasme de l'inventeur pour son invention. L'annonce cependant n'était pas majorée à l'excès : en faisant une soustraction de la vérité et de l'exagération, on obtenait un reste fort remarquable.

L'auteur de ces nouveautés était un homme d'un très haut esprit inventif, un véritable clairvoyant de la mécanique savante, M. Victor Renard. D'abord établi en 1875 à Alfortville, il avait, la même année, transporté son matériel de construction à Paris, avenue Mac-Mahon, et presque aussitôt recommencé un déménagement pour le n° 11 de la rue Duret. C'était déjà faire preuve de l'amour du mouvement.

En effet, la science du mouvement paraît être l'élément de V. Renard. D'une machine, Truffault connaît mieux que lui la partie matérielle, la mécanique, mais Renard en sait mieux l'équilibre des forces utilisées ou produites. Pour le vélocipède, Truffault est l'empirique du corps, Renard le spécialiste de l'âme. Truffault construit une jante à coups de marteau et d'observations, et l'expérimente en se mettant à cheval sur elle; Renard bâtit une machine à coups de plume et de réflexions, la fait sortir de ses calculs et l'essaye sur le papier. Truffault rejette à la ferraille les conceptions désavouées par la pratique; Renard est le dévot de la théorie et se moque que la pratique lui donne ou refuse son visa. Son intransigeance lui a souvent réussi; quelquefois elle lui a mis sur la conscience des phénomènes qui rouleraient merveilleusement sur une route idéale, sans curieux et sans voitures, où des génies auraient balayé les moindres cailloux, aplani le sol comme un parquet de musée, et où le vent lui-même retiendrait sa respiration devant le vélocipédiste qui passe !

Renard avait été frappé de la rapidité de coups

Le bicycle de 3 mètres de Renard (1878).

de jarret qu'un vélocipédiste doit fournir sur le bicycle pour atteindre la vitesse d'un cheval au grand trot. A moins d'un long entraînement, la poitrine halète, la rotule des genoux va et vient comme une folle, tout le moteur humain transpire, explose en gouttes de sueur, s'épuise et s'arrête après 2 kilomètres. Pourquoi? Parce qu'il y a une fuite dans ce moteur. La physique démontre que le mouvement produit de la chaleur, du travail, car chaleur et travail ne sont qu'un. Or, du mouvement que produit le vélocipèdiste, une moitié seule travaille utilement, elle actionne la machine; l'autre travaille aussi, mais nuisiblement, sous forme de chaleur, elle échauffe le cavalier. La cause de cette fuite de travail? Le peu d'élévation des roues motrices. Le bicycle maximum atteint $1^m,40$, chaque révolution de la roue avance la machine de $4^m,40$: avancez du double, vous utiliserez tout le travail produit.

Mais, dites-vous, il faut déjà une jolie paire de jambes pour atteindre les pédales d'un bicycle de $1^m,40$: nous allongerez-vous donc les jambes? Renard répond par son parallélogramme, l'objet de son brevet du 2 octobre 1875 : à la hauteur du pied, la manivelle est amenée au-dessus du centre de la roue que deux tiges parallèles unissent à la pédale. Un véloce de $1^m,80$ peut être monté par un nain; deux ou trois marchepieds, un escalier minuscule placé sur le corps, le hausseront jusqu'à la selle, et, ajoute l'inventeur, « le cavalier est d'autant plus stable que la roue est plus haute. Ce fait est d'ailleurs conforme avec la théorie mathématique du bicycle. »

Aussi la « théorie mathématique » l'enleva-t-elle prestement dans les régions irrespirables. Chaque bicycle qui sort de ses mains dépasse de quelques centimètres celui qui l'a précédé. Difficilement pratique à 1^m,60, dangereux à 1^m,70, tributaire de la préfecture de police à 1^m,80, il pousse à 2 mètres et 2^m,50 et, quelques mois après, atteint l'étiage fantastique de 3 mètres ! Six marchepieds conduisaient au faîte de ce colosse de 70 kilos, qui développait 9^m,50 à chaque tour, mettait son guidon à toutes les fenêtres, ne trouvait jamais gîte à sa taille, monstre luisant dont les chevaux conservaient le frisson jusqu'au pied du râtelier, immense panneau pour les chiens, arracheur de réverbères, broyeur d'enfants et de vieillards, supplice du Dante pour les vélocipédistes trépassés sans remords !

Vite remettons au point l'objectif qui nous sert à photographier ces scènes passées. Le bicycle Renard se contenta généralement de la hauteur de 1^m,60. Originairement le constructeur l'avait muni à son avant de deux longues pattes d'acier qui restaient couchées le long du corps pendant la marche et qu'un simple renversement de poignées appuyait sur le sol à l'arrêt. Le veloceman

demeurait ainsi maintenu sur ces béquilles ingé-
nieuses et, sans descendre, consultait sa carte ou
prenait des notes de voyage. Supprimé, le système
laissa une machine haute et peu fatigante, une
dévoreuse d'espace sous des jambes exercées. On
prétend que la distance d'un kilomètre a été couverte par une de
ces machines en
1′20″, c'est-à-dire
beaucoup plus ra-
pidement qu'elle
ne l'a jamais été
encore, mais ce
record n'est pas
officiel.

Une seconde
invention, une
sous - invention
nécessaire, ap-

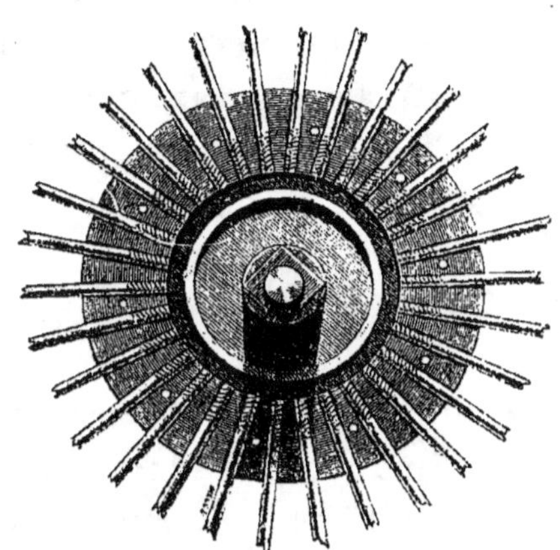

Rayons indesserrables de Renard.

puya l'application du parallélogramme. Les rayons
des roues ordinaires, vissés dans le moyeu, se
desserraient un à un après quelques centaines de
kilomètres. Les longs et pesants rayons des hautes
roues eussent déserté leurs pas de vis après quelques lieues. L'imagination de Renard les fixa au
poste, presque à vie, en les consacrant *rayons
indesserrables;* filetés à leur partie inférieure, ils
sont vissés dans le moyeu entre deux plaques
mobiles que dix puissants écrous accolent l'une

contre l'autre. Cet étau pince les rayons à la taille dans un inexorable corset.

Mais le succès bouda toujours ce chercheur qui ne lui faisait point d'avances. Presque chaque année va maintenant jeter dans notre panorama une ingénieuse disposition signée Renard; mais ces inventions, conçues loin du tapage et des routes fréquentées, semble-t-il, sont des figures de géométrie dans l'espace animées, non ce qu'elles devraient être, de petites voitures rapides, mues par la force d'un être délicat, et roulant sur la terre...

Un ennemi du véloce transcendantal se levait en ce même temps à Marseille, l'apôtre de la vélocipédie pratique, M. Rousseau, de cette famille des Rousseau qui, de père en fils, conserve chez elle le fanatisme du véloce comme un colonel garde dans son appartement le drapeau. Pour lui, une seule estampille, celle de la pratique, indique la bonne machine; les sceaux compliqués de la théorie font la grimace sur un bicycle. Mieux vaut le vélocipède anti-scientifique qui porte sans encombre et sans péril le cavalier dans tous les chemins, que la machine savante qui certes serait la reine des reines, mais sur les routes immatérielles de la Voie lactée! — « Si jamais, écrit-il, on n'avait fait de vélocipèdes de plus de $1^m,20$, il y aurait cent fois plus de vélocipédistes. La hauteur effraye les imitateurs, et plutôt que de monter un petit bicycle, les gens craintifs vont à pied de peur de paraître ridicules. »

Trop intelligent pour rêver de perfectionnements non viables, il imagine aussitôt le joli

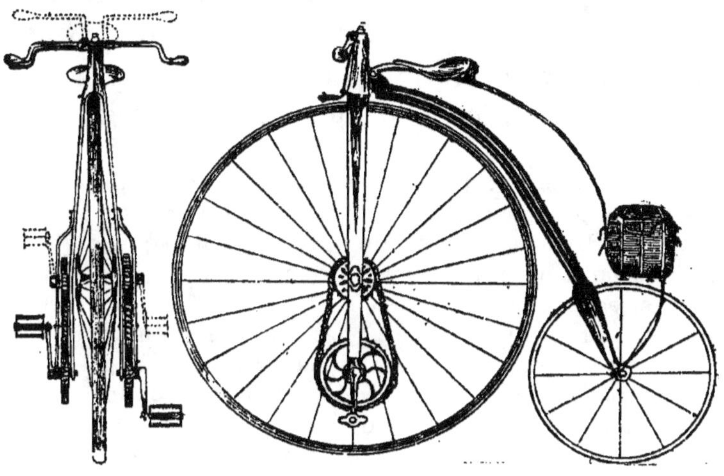

Le « bicycle sûr » de Rousseau.

bicycle qu'il dénomme « bicycle sûr » et qui fusionne ces deux qualités en apparence insoudables, une grande vitesse et une petite taille. La roue d'avant a un diamètre de 90 centimètres seulement; celle d'arrière en a la moitié. La selle s'approchera moins du gouvernail, prendra ses aises sur le long ressort d'autrefois conservé, les culbutes deviendront des raretés et la tête du cavalier en rejoindra moins le sol. Derrière, pour les longs voyages, une petite malle a sa place réservée, et sa présence ajoute à l'équilibre de la machine.

Les manivelles placées au-dessus du moyeu, actionnent un pignon qui, par une chaîne, transmet le mouvement à un second pignon monté sur l'axe de la roue. La machine est multipliée à $1^m,40$ [1] et, quoique haute d'à peine un mètre, donne sensiblement la même vitesse qu'un bicycle plus élevé de 5o centimètres.

Ici, le vélocipédiste ne doit quitter la selle que

1. Le bicycle *ordinaire* est la seule machine qui ne soit pas multipliée, car la roue motrice y fait 1 tour pour 1 tour de pédale. Une machine est dite multipliée lorsque la roue motrice fait 1 tour un quart, 1 tour et demi, quelquefois 2 tours, pour 1 tour seul de pédale. Lorsqu'on dit qu'une machine est multipliée à $1^m,40$ par exemple, on indique que le rapport des deux pignons unis par la chaîne est tel, que la machine couvre en 1 coup de pédale le chemin qu'un bicycle haut de $1^m,40$ couvrirait en ce même coup de pédale. Une machine est d'autant plus douce qu'elle est moins multipliée.

Pratiquement, pour trouver la multiplication d'une machine, on multiplie la mesure du diamètre de la roue motrice par le nombre de dents du pignon des manivelles et on divise ce produit par le nombre de dents du pignon de l'axe de la roue. Ainsi la multiplication d'une bicyclette dont la roue motrice a une hauteur de 75 centimètres, dont le grand pignon a 20 dents et le petit 10, est de $\frac{75 \times 20}{10} = 1^m,5o$.

Pour obtenir le chemin parcouru par cette machine en 1 tour de pédale, on multiplie le nombre qui exprime cette multiplication, par le nombre 3,14. Ainsi une bicyclette multipliée à $1^m,5o$ développe à chaque coup de pédale $1,5o \times 3,14 = 4^m,71$. — Nous donnons ici ces quelques notions ardues parce que tout veloceman doit les connaître.

pour dîner ou dormir. Monter sans essoufflement une côte escarpée ou rouler en chantant dans un terrain boueux devient désormais affaire de quelques écrous. Toutes les pièces du bicycle sont détachables. Au bas de la montagne, le cavalier applique directement les manivelles à l'axe, hausse sa selle et son guidon, et roulant ainsi sur une machine multipliée seulement à o^m,90, gravit la rampe au nez des amis qui, à pied, poussent devant eux leurs grands chevaux.

L'invention était française : les Français lui tournèrent le dos. Les Anglais en prirent le dessin, le gardèrent en carton, et lorsqu'en 1884 le bicycle sûr revint de Londres sous le nom de « Kangaroo », l'invention était anglaise. Les Français lui tendirent les bras...

La machine de M. Croft.

Et le dédain du Français pour la flore de son pays, son amour des guerres de l'indépendance à faire pour autrui, sont si réellement des articles de catéchisme pour les nations étrangères, que l'Amérique tenta au mois de septembre d'acclimater en France une monstrueuse brouette à trois roues, d'un M. Croft, brevetée le 21 août 1877, dirigée par les pieds, mue par deux perches, et qui occasionna vite chez les bergers landais une menaçante levée d'échasses irritées de la concurrence!

1878

Ces longues discussions sur la meilleure utilisation des forces produites par le jarret humain avaient fini dans quelques cervelles par cette déduction inattendue et logique que, pour ne pas fatiguer ce jarret, il suffisait de ne point le faire travailler. Une brochure de 1878 donnait le secret de cette sinécure dans son titre seul : « Vélocipède et tricycle à vapeur destinés à remplacer l'espèce chevaline, par L. G. Perreaux, de l'Orne. » L'auteur n'avait pas cherché longtemps sa matière à brevet: un générateur, un fourneau, deux cylindres, le tout accroché en équilibre sous le derrière du cavalier, telle était la trouvaille qui faisait la nique à toute la vélocipédie ancienne. Chauffez, sifflez et roulez, votre fond de culotte me dira des nouvelles de votre promenade! — « Le vélocipède à deux roues, dit notre rôtisseur, est destiné aux grands équilibristes voulant parcourir des distances fabuleuses, soit 6 à 8 lieues à l'heure. Celui à trois roues, destiné aux promeneurs désireux de posséder leurs aises et tout à la fois des garanties certaines d'équilibre, peut parcourir de 3 à 5 lieues à l'heure en chauffant modérément le générateur.

La sortie de vapeur passe sous les pieds du voyageur lorsque la température extérieure est basse. » — Le suprême agrément de cet instrument consistait dans son prix de 4 0c0 francs. Tant peut valoir d'or un vulgaire gril à biftecks lorsqu'on l'a baptisé vélocipède!

L'événement magistral de 1878 fut son Exposition universelle. La vélocipédie s'y rendit et demanda une petite place : on serra un peu la classe 62 du groupe VI pour l'installer dans la section de *carrosserie et charronnage*, et modestement la minuscule phalange des constructeurs installa ses machines blanches et noires sur l'andrinople rouge.

Six Français, Jacquier et Levassor, Meyer, Renard frères, Vincent, qui tous quatre décrochèrent une médaille d'argent, Pascaud et Gauzin qui s'en retirèrent bredouilles, précédaient quatre Anglais : Bagshaw, à Hill Foot (Sheffield), vélocipède à deux roues en acier, dit l'*araignée*, bandes à vélocipèdes en acier; Haynes et Jefferis, de Londres, vélocipèdes à deux et trois roues; Plowright, à Norfolk, vélocipèdes-bicycles ; et the Surrey Machinist Company, de Londres, vélocipèdes de sûreté, vélocipèdes pour courses et promenades à rayons tangents. Un Italien suivait : Carrera, ingénieur à Turin, qui exposait « un tricycle dit vélocimane, modèle d'un nouveau véhicule mis en mouvement par la personne même qui est au-dessus (*sic*) ». Un Suisse fermait la marche : Grenat, à Genève, « vélocipède à suspension, poli, de 20 kilos; corps creux en fer forgé de 1ᵐ,30 de hauteur ».

Deux membres du jury, MM. Belvallette, carrossier, et Quenay, de la maison Binder aîné, publièrent peu après la clôture un rapport qu'il faut lire en entier — il a trente lignes! — pour en exprimer toute l'indifférence :

« Le vélocipède, cet appareil de locomotion, monté sur deux roues placées sur la même trace, est la plus grande simplification de tous les systèmes à moteur humain imaginés jusqu'ici. Dans quelles conditions, dans quelle mesure peut-on espérer des résultats favorables de ce véhicule à équilibre instable? C'est ce que nous allons examiner.

« Si l'on considère la marche de l'homme sur un terrain horizontal par exemple, elle ne semble indiquer aucun travail mécanique; mais avec un peu d'attention, on verra qu'à chacun de ses pas il soulève son poids d'une petite quantité et qu'au moment où le pied, porté en avant, vient poser sur le sol, la vitesse acquise, qui est un des principaux éléments du mouvement des machines, est détruite brusquement, malgré l'élasticité des jambes; il devra donc, pour faire le pas suivant, recommencer le même effort sans y être aidé par le travail précédent. Cependant il ne faudrait pas en conclure que la locomotion humaine soit défectueuse, mais seulement qu'étant créée pour répondre à des besoins multiples elle peut, dans certains cas, être remplacée avantageusement sur un sol favorable, par un moyen mécanique évitant ce brusque arrêt de la vitesse acquise. Le vélocipède, qui permet, sans grande fatigue, sur un terrain uni et horizontal, des vitesses supérieures à la marche humaine, est une solution de ce problème; mais, par contre, comme il est prouvé que sur une route en rampe il constitue un fardeau, son emploi se trouve très limité.

« Ce simple véhicule est tellement connu qu'il est inutile d'en donner une description détaillée; cependant, nous devons dire qu'il a donné naissance à un nouveau système de roues métalliques, dans lesquelles les rais ordinaires travaillant d'habitude à la compression sont remplacés par une grande quantité de rayons en fils de fer ou d'acier, taraudés à leurs extrémités et travaillant à l'extentension. La jante est formée d'un fer en U ou d'un fer creux en demi-cercle, recevant dans sa cavité un cercle en caoutchouc, à section ronde, qui assure une marche silencieuse et légèrement élastique.

« Parmi les vélocipèdes exposés, nous en remarquons un extrêmement grand de MM. Renard frères (France). La plus grande roue a 2 mètres de diamètre; l'ensemble pèse 25 kilogrammes; les pédales qui actionnent les grandes roues sont montées à la hauteur des pieds au moyen d'un parallélogramme.

« Les vélocipèdes de la maison Meyer (France) sont aussi fort bien faits. Enfin la Surrey Machinist C° (Angleterre) en présentait de fort légers à corps creux en acier, dont les roues, en tôle d'acier, avaient des rayons très fins, au nombre de 90 à 200, suivant le diamètre. »

Dans cette sécheresse le vélocipède végéta à l'Exposition universelle. Deux rejetons nouveaux avaient cependant percé ce sol ingrat : les rayons tangents et le tricycle.

Le nom de rayons tangents avait été pris dans l'arsenal de la géométrie. Chacun de ces rayons formait une tangente à la circonférence de l'axe. La nouvelle disposition avait pour but de réagir contre la torsion que le rayon direct d'autrefois subissait du moyeu de la roue à la jante, torsion d'autant plus sensible que la roue et la vitesse étaient plus grandes. Les tangents avaient d'ailleurs le désavantage d'être lacés sur l'axe : un même fil d'acier partait de la jante, passait dans un trou du moyeu, plongeait dans un second, puis repartait aboutir à la jante. Le bris de l'un entraînait donc la chute de l'autre.

Dès lors la querelle des tangents s'allumait : « Dis moi, montes-tu des tangents, montes-tu des directs, je te dirai qui tu es! » Telle maison ne signerait pas une machine sans tangents; les

Bicycle à rayons directs.

Bicycle à rayons tangents.

10.

tangents sont devenus son paraphe et le paraphe n'est-il pas la partie la plus chérie d'une signature? Telle autre, qui « ne veut pas perdre son temps à faire de l'inutile », s'entête dans le direct; et l'une et l'autre disent vrai.

Depuis, le tangent a été dédoublé. Il est simple aujourd'hui et ne partage plus forcément le sort de son compagnon d'axe. Il a un cou, qu'il passe dans le trou du moyeu, et sa tête l'y arrête. Mais le seul et incontestable perfectionnement des rayons est dû à l'excellent mathématicien Renard. Sa conception est

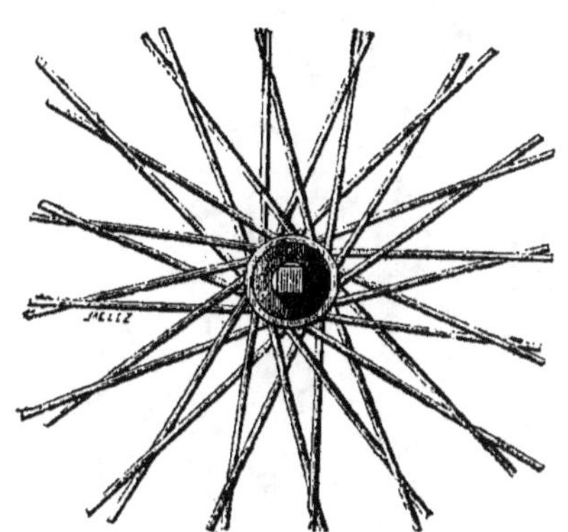

Rayons tangents de Renard.

d'ailleurs employée aujourd'hui encore par ses successeurs, qui ont, du coup, supprimé leur atelier de réparation pour les roues, devenu inutile. Tous les rayons sont deux à deux inversement tangents, vissés dans le moyeu, et tous ne sont soumis qu'à des efforts de traction dans le sens de leur longueur, la meilleure manière, sans contredit, d'utiliser la résistance d'un fil.

Et cette grosse question se résume en ceci : que le tangent permet plus aisément que le direct le passage de la main pour le nettoyage et le graissage de l'axe !

Cette même année 1878, le premier tricycle, petit-fils d'un revenant de 1869, fut présenté à Truffault et essayé par lui aussitôt avec une longue escorte de badauds. C'était un spécimen anglais de l'espèce dite *Salvo*. Deux roues à l'avant, dont l'une actionnée par une chaîne, supportaient sur leur axe, à angle droit, un corps horizontal et rigide au bout duquel pivotait une roue d'arrière. Une crémaillère à poignée manœuvrait

Tricycle genre « Salvo ».

cette petite folle ; et si la bonne fortune du veloceman y consentait, il ne prenait guère qu'une fois ou deux par excursion l'empreinte du sol sur son front.

Truffault avait eu du succès dans son exhibition. Mais Truffault n'était pas tricycliste. Deux roues lui suffisaient pour voyager : aussi voyageait-il sur une merveille de rigidité et de légèreté ! Il s'était construit un bicycle de 10 kilos sur lequel, à la fin de 1878, il avait parcouru, sans en desserrer un rayon, la route de Tours à Paris.

Cette prouesse lui rappela subitement son bicycle de l'an passé, vendu à l'Angleterre ; et la réponse qu'il attendait de son acquéreur au sujet du brevet des jantes creuses ! Le paquebot ne lui apportant aucune lettre chargée, il résolut d'aller la chercher lui-même. Clément venait de s'établir à Paris, au n° 20 de la rue Brunel, avec la commandite du baron de Graffenried, puis celle du comte de Montergon. Une tournée en Angleterre ferait du bien à tous deux, et tous deux s'embarquèrent. Clément et Truffault étaient amis.

Peu s'en fallut que cette traversée ne fût la dernière des deux constructeurs. Une effroyable tempête pensa engloutir les espérances de la vélocipédie française. Enfin ils parvinrent à Coventry. Le brevet fonctionnait à pleines machines ! Il avait été pris depuis longtemps par la société, loyalement, avec l'annotation « d'après les communications de M. Truffault, de Tours », mais avec quelques modifications. Le directeur de la Compagnie discuta longuement et prit congé de l'inventeur par un chèque de 450 livres sur les 600 convenues... Plus tard, pour aplanir les difficultés d'un procès avec la maison Rudge, où le témoignage de Truffault était nécessaire, l'appoint des 150 livres lui était envoyé par grande vitesse.

C'était une compensation préventive pour l'artiste à l'accident qui devait l'éprouver bientôt : le contrat intervenu entre lui et Clément cessa net tout à coup ; une paille dans l'acier, un défaut dans la forme, la redevance de 10 francs par machine, à la fonte ! Clément et Truffault n'étaient plus amis...

Truffault redressa ses lunettes, se remit à chercher d'autres perfectionnements et sur l'enclume à frapper...

L'Exposition de 1878 avait aspiré toutes les forces vélocipédiques de France autour de Paris. La province donna peu de courses cette année-là ; la ville d'Angers elle-même, l'*alma parens*, n'eut pas, cette année, ses habituelles gâteries pour le sport, et l'on se passa de ses grandes courses annuelles.

Mais autour de Paris on se battit ferme. Charles Terront tient haut sa gloire. Le 16 mars, dans la course du Rond-Point de Boulogne-sur-Seine à

Versailles, il gagne Hommey, Jules Terront et Fabing; sur trente-cinq courses, vingt-sept fois il arrive premier.

C'était le champion désigné par plébiscite pour courir l'épreuve fameuse et toujours citée depuis, de Saint-Germain : un propriétaire du Vésinet, M. Grandjean, avait parié à plusieurs velocemen de la localité que sa jument, une bête de vitesse extraordinaire, battrait sur une distance maxima de 12 kilomètres le vélocipédiste de leur choix. La distance de la porte des Loges, à Saint-Germain, jusqu'au pont de Conflans-Sainte-Honorine fut arrêtée et Terront appelé.

Le 6 octobre 1878, le départ est donné à 8 h. 6′ 10″ du matin. Terront mène la course d'un bout à l'autre, au train de 33 kilomètres à l'heure, et arrive à Conflans à 8 h. 26, battant la jument de 7 secondes.

C'était déjà le maître des coureurs de l'époque. Charles Hommey, Viltard, les frères Pascaud, Jules Terront, ne songeaient jamais en présence de lui qu'à la seconde place, lorsqu'elle n'était pas occupée par Clément, qui voulait prouver qu'avant de construire bien les machines il savait les bien monter.

Les clients s'accumulaient d'ailleurs à la porte des ateliers de construction. Le 30 décembre, la Préfecture avait autorisé la fondation d'un nouveau club, le *Sport vélocipédique parisien*, une réunion vivace au sous-titre intelligent de « Société de courses et de promenades ». A Bordeaux, l'un des plus puissants clubs français, le *Véloce-Club bordelais*, le Jockey-Club cyciiste, venait d'ouvrir son hôtel. Il fallait mettre à cheval tout ce monde-là ! Le soleil, à la face jaune de louis d'or, se levait enfin pour les fabricants !

1879

La saison de 1879 débuta par un acte de révolte contre madame l'Administration : mauvais procédé qui lui donna de l'humeur et lui fit resserrer la cravate qu'elle avait mise à la vélocipédie.

Au mois de mai, les têtes jeunes du *Sport vélocipédique parisien* entreprirent de secouer l'ordonnance de 1874, et toute la Société, en un long défilé de machines, manifesta, serpenta à travers les rues interdites de Paris. Or, la loi était tombée en désuétude ; depuis longtemps les agents avaient la délicatesse de détourner les yeux lorsqu'un bicycliste isolé franchissait la consigne. La préfecture de police n'eut pas de ces émeutiers la crainte qu'ils espéraient ; et, de cette heure-là, la plaque, le grelot et la lanterne sévirent nuit et jour.

Les velocemen dédaignèrent. Plutôt que de « souiller » leur véloce des trois accessoires, ils se bannirent de la ville, se contentant de circuler d'un champ d'entraînement à un autre. Au moins y travaillèrent-ils. Et la tâche était pénible ! De l'autre côté de la Manche, de redoutables rivaux préparaient les luttes à venir.

En Angleterre, le sport vélocipédique devenait géant. Toutes les classes l'encourageaient de leur argent et de leurs bravos. L'organisation y était splendide déjà. A Lillie-Bridge, à quelques milles du centre de Londres, un immense établissement couvert, l'Agricultural-Hall, était consacré aux sports. C'était un petit Palais de l'Industrie où 20 000 personnes pouvaient être reçues. Trois pistes y étaient tracées : une pour les courses de poneys ; deux, en planches, de 220 mètres de longueur, pour les vélocipédistes. Le droit d'entrée s'élevait à o fr. 60 par jour, à 12 francs par mois par abonnement. Le veloceman trouvait là, sous son numéro matricule, un casier pour ses vêtements, un garage pour sa machine, un lavabo pour sa toilette. Il s'entraînait à son aise, méthodiquement. Un bar ou un restaurant l'attendait ensuite ; il pouvait détendre ses muscles sur les pelouses du centre dans le cricket ou le jeu de paume.

En France, le sport vélocipédique restait nain. Toutes les classes le bafouaient et levaient leur canne sur lui. La désorganisation était splendide déjà. A l'entraînement, les routes empierrées étaient offertes, avec les coups de soleil et de pluie, les coups de dent des chiens et les coups de langue verte des voyous. Le veloceman trouvait là, sous son numéro matricule, les déchirures et la sueur pour ses vêtements, l'avarie perpétuelle pour sa machine, la poussière et la boue pour sa toilette. Courir était méprisable, et le fils de famille qui revenait d'une excursion en vélocipède était souvent reçu chez ses parents par des « oh! » de dégoût qui eussent accueilli son retour de Cayenne.

Ce paragraphe, nullement trop haut en couleur, donnera l'excuse de la mauvaise tenue des coureurs français, croissante de course en course. On courait en chemise de couleur, on courait en tricot de laine, on eût couru en caleçon de bain. Dès septembre, le *Sport vélocipédique parisien* se jeta en travers de tous ces articles de magasins de nouveautés et résolut de n'admettre plus dans ses réunions que les coureurs vêtus du costume indiqué par les statuts : chemise de flanelle blanche, écharpe de couleur, culotte blanche et bas rayés. La réforme fit la tache d'huile aussitôt. — En France, on hésite toujours à laisser tomber la goutte!

Même un semblant d'organisation, grand comme une pancarte, parut à cette époque, sous la forme d'un tableau qu'on pouvait consulter tous les jours à la porte du constructeur Clément, et qui indiquait, à côté du nom de chaque coureur, ses progrès vers la victoire. Rien au reste n'empêchait le curieux d'entrer dans l'atelier, d'y acheter un bicycle « système Truffault » et de l'essayer immédiatement dans le manège couvert.

L'année 1879 est peut-être le diamant de la carrière de Charles Terront. Vers avril, il passa en Angleterre pour la célèbre course de six jours (28 avril-4 mai). Son rival terrible était G. Waller. Le premier prix se composait de trois pièces alléchantes : 1° une ceinture de champion en peau de lion enrichie d'or, d'argent et de pierres précieuses, d'une valeur de 2 500 francs ; 2° une somme de 1 250 francs et une médaille d'or ; 3° d'une somme de 1 875 francs en sus si la distance franchie dépassait celle de l'année précédente. Le total valait qu'on soignât son coup de pédale.

Le guignon commence par sauter à nouveau sur les épaules de Terront, cette constante victime des machines. Son bicycle, de construction française, joue à tous ses frottements. Deux fois, le premier jour, le pauvre garçon perd plusieurs centaines de mètres à réajuster son instrument. Deux fois, il ne peut arriver que second, après un parcours de 1 800 et de 2 236 kilomètres. Aussi s'empresse-t-il, au prochain boute-selle, de sauter sur un bicycle anglais, de Rudge, l'habile fabricant de Wolwerhampton, avec lequel, à l'Agricultural-Hall, il gagne en 3 h. 8′ 35″ la course de 80 kilomètres sur l'Anglais J. Kenn, et, le 19 septembre, la course de vingt-six heures au même endroit.

Puis il s'embarque pour l'Amérique, avec deux bicycles « D. H. Premier » d'une maison anglaise, et deux fois, à Boston et à Chicago, enlève les prix d'une course de six jours.

Entre temps, il avait gagné pour la troisième fois l'*Internationale d'Angers*, et pour la seconde la course de fond d'Angers au Mans et retour en 8 h. 54. Le 15 juin, à Paris, dans un brillante fête donnée au Carrousel par l'*Union vélocipédique parisienne* au profit des inondés de Szegedin, il était le héros acclamé.

Et pendant ce temps-là son frère tournait la manivelle de charmante façon : Jules Terront par ses tours d'adresse sur le bicycle brisait la monotonie des réunions où la vitesse était le plat constant.

La fabrication française reçut dans les courses de cette année 1879 un coup de poing sur le guidon qui l'enfonça au-dessous de sa rivale anglaise. Sans doute, les Anglais connaissaient alors mieux la métallurgie que les Français ; mais ce n'était pas par le métal que les véloces français commettaient leurs péchés : par la raison simple que les tubes employés en France provenaient de l'Angleterre, qui seule savait les étirer à froid. Le soin manquait aux ajustages, trop articles de Paris. Les Meyer, les Truffault, les Renard, diversement éprouvés,

construisaient peu; et, en l'absence des maîtres,
les élèves dansaient ! L'innovation devient rare,
la copie des tableaux anciens continuelle. L'industrie française, lassée des luttes et des déboires,
s'assied pour une dizaine d'années, passe aux étrangers le sac aux découvertes et se contente de regar-

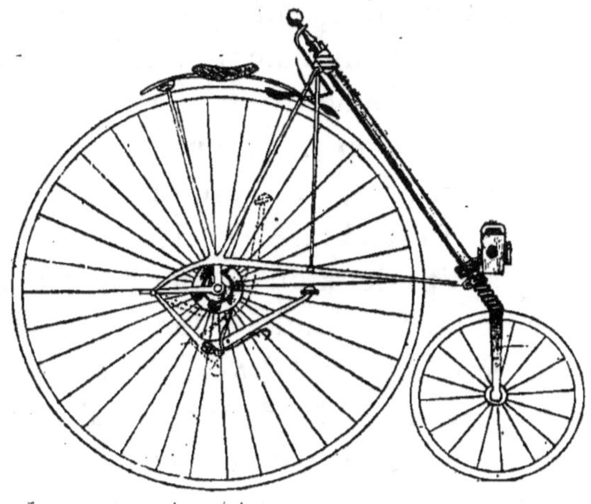

Le Star-bicycle.

der ce qu'ils en tireront. Elle n'en reprendra guère
les cordons qu'en 1890.

L'Amérique y plongea la première sa main
heureuse. Elle ramena une curieuse idée, le *Star-
Bicycle*. L'inventeur, M. G. W. Pressey, de Ham-
mondton (New-Jersey), avait fait réaliser son idée
par MM. Stall et Burt, de Boston (Amérique). La
machine était disgracieuse à effrayer deux fois un
cheval, motif insuffisant en Amérique pour échouer.
En réalité, elle présentait cette innovation — après

M. Montagne en 1869 ! — de placer la roue motrice à l'arrière et d'être par ce trait de famille apparentée à notre bicyclette.

C'était un bicycle retourné. La petite roue, devenue directrice, gesticulait à l'avant, en garde contre les panaches du cavalier. La roue d'arrière, au lieu de manivelles, était flanquée de deux leviers qui lui communiquaient le mouvement par un mécanisme à rochet. Pour s'asseoir en selle, deux façons : ou y grimper par un tabouret ou l'épaule d'un ami, ou y descendre par une branche d'arbre ou par sa fenêtre.

Mais il y avait mieux qu'un star-bicycle dans le sac merveilleux. Un Anglais, James Starley, tira le gros lot, le *mouvement différentiel*.

Un peu de science : deux roues parallèles d'une voiture sont entraînées d'un mouvement égal lorsque la direction de l'appareil suit une ligne droite. Elles sont entraînées d'un mouvement inégal lorsque l'appareil décrit une courbe : la roue intérieure à cette courbe ralentit son mouvement, l'extérieure l'augmente. Or, une voiture est tirée par le cheval, les roues ne sont que des supports ; elles sont simplement indépendantes l'une de l'autre.

Dans un tricycle, au contraire, les roues parallèles sont à la fois supports et moteurs. Elles doivent donc à la fois dépendre l'une de l'autre pour mouvoir également l'appareil, et cependant rester indépendantes afin que l'une puisse dans un virage ralentir son mouvement tandis que l'autre l'augmente. Jusqu'ici ce problème de « dépendance indépendante » avait été résolu par l'absurde : une seule roue était motrice, l'autre restant folle. Il en résultait : une difficulté constante pour tourner du côté de la roue motrice, des glissements latéraux de la roue directrice que le constructeur devait rendre pesante plus qu'il n'eût fallu, un patinement de la roue motrice et une instabilité irrémédiable. — Starley trouva le remède : il construisit en deux morceaux l'axe reliant les deux roues, et réunit les deux morceaux par un système d'engrenages qui est une variété du mécanisme connu sous le nom de *train épicycloïdal sphérique*.

L'œuvre de Starley n'est pas une invention, c'est une application. Au xviiie siècle, un horloger réputé, Passemant, avait construit une sphère à équation munie d'une combinaison analogue. Plus tard, un savant, Pecqueur, reprenait l'étude de ces mouvements et démontrait tout le parti qu'on en pouvait tirer, dans une suite de mémoires insérés au *Recueil des savants étrangers*. A l'Exposition même de 1878, M. A. Bollée avait présenté une calèche à trois banquettes, nommée *la Mancelle*, portant huit personnes, où un seul cylindre commandait les deux roues motrices par l'intermédiaire du mouvement différentiel dit « de Pecqueur », et leur laissait leur indépendance en courbe comme en ligne droite. Starley transféra ce dispositif à la vélocipédie. Les premières machines portaient à gauche de l'axe leur mouvement

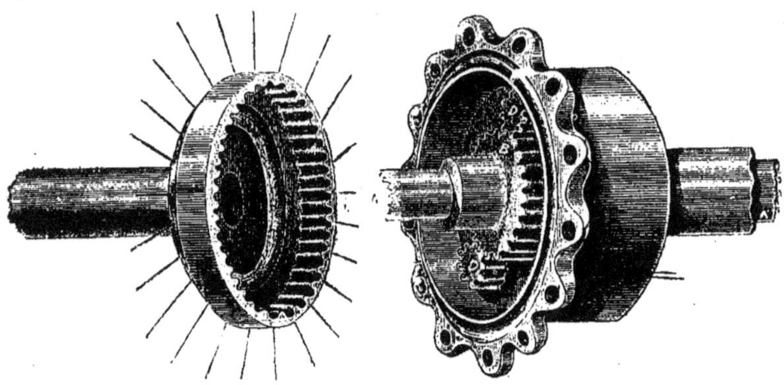

Mouvement différentiel.

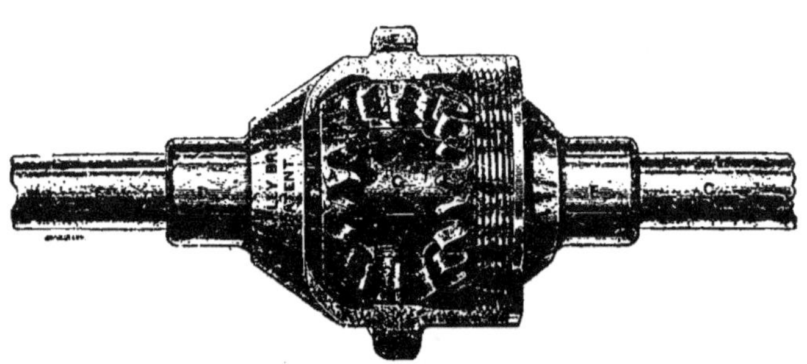

Le mouvement différentiel de Starley.

différentiel : l'apparition des quatre coussinets plus tard le rejeta au milieu.

Il serait absurde de chercher à limer quoi que ce soit de la gloire de Starley. Le mouvement différentiel existait avant lui, soit. Mais il n'était pas

Monument élevé à Coventry à la mémoire de Starley.

appliqué. Les manivelles existaient aussi avant Michaux, mais à l'usage des orgues de Barbarie, non à celui des vélocipèdes. Tous deux ont été, pour notre monde spécial, des grands hommes, parce qu'à un moment de leur vie ils ont eu une grande idée *pratique*. Ces gens-là sont les bons révolutionnaires. De Michaux est parti le bicycle, l'instrument des courses et des excursions pour la jeunesse adroite; de Starley, le tricycle, la voiturette légère des longs voyages, l'instrument ami et commercial qui porte sur ses reins d'acier 20 kilos de bagages, sans glissades sur les terrains détrempés, sans hésitations dans les descentes, celui qui a promené dans les campagnes la plus productive réclame au sport vélocipédique.

La mémoire des fils de James Starley éleva à leur père, dans la ville de Coventry, près de l'usine que sa haute intelligence avait fondée, un monument de marbre blanc et noir. Si l'honneur ne s'adressait qu'au mécanicien avisé, il serait seulement une folie d'enthousiasme filial. Mais il perpétue le souvenir de l'esprit lucide qui a diffusé l'amour du vélocipède dans toutes les nations, de l'éparpilleur de cette bonne nouvelle : Montez tous en vélocipède ! La souplesse et vingt ans ne sont plus indispensables au veloceman ! Commencez à tout âge ! — Au curé, au notaire, au médecin, il a donné une machine, tranquille et sûre comme un bon sermon, une bonne hypothèque, une bonne maladie. Il a rallié le troupeau en ralliant les bergers.

1879 était encore l'époque où un reporter anglais, M. Stevens, achevait à bicycle le tour du monde — nullement authentique. Muni pour tout bagage d'une petite valise et d'un revolver, il avait traversé la France, l'Allemagne et la Hongrie, puis Constantinople, Erzeroum, Téhéran, l'Afghanistan et l'Inde pour finir par la Chine. Plus d'une fois il avait couché à la belle étoile dans une couverture, près de son cheval de fer. Accueilli à coups de pierres à Pékin, à coups de fleurs à Yeddo, il prouvait qu'un vélocipède peut passer partout : quelquefois en Asie il avait pu parcourir dans sa journée 100 kilomètres de désert sur les chemins aplanis par les pieds des chameaux.

En Angleterre, c'était l'époque aussi où les universités d'Oxford et de Cambridge, la première presque toujours victorieuse, se livraient d'interminables matchs vélocipédiques; où le prince de Galles même, au dire du journal l'*Engineer*, se promenait avec sa femme sur une des merveilleuses pièces d'eau du parc de Windsor dans un vélocipède aquatique, à roues à aubes, qu'il actionnait en compagnie d'un ami.

Chez nous, c'était l'époque du désagrégement, de l'effritement irrémédiable du bon accord dont on avait espéré cimenter les vélocipédistes.

Le 25 décembre 1879, le jour de Noël, au pro-

Le podoscaphe du prince de Galles (d'après *La Nature*).

fit des inondés de Murcie, l'*Union vélocipédique parisienne* donna une fête au Palais de l'Industrie. Dans ce hall immense, il faisait froid, il faisait gris, il faisait désespérant. Quatre cents personnes à peine cernaient la piste, les mains dans les poches, dont la moitié disparut à trois heures, à la venue de la nuit. Le président, M. Pagis, toujours à la peine, toujours décrié et toujours courageux, avait revêtu lui-même en exemple la casaque des coureurs ; mais à moitié du parcours, tout à coup, président et véloce avaient sombré dans un trou, en une même chute comique...

Le présage était mauvais. La séance lamentable finit par un déficit. L'*Union vélocipédique parisienne* s'était refermé sa caisse sur la tête. Elle était tuée...

1880

Paris perd peu à peu sa préséance sur la France vélocipédique. Il piétine, et la province marche à grands pas. L'année 1880 le force à abdiquer. Les villes, jusqu'ici un peu timides en présence de la capitale, ont profité des schismes qui la rongent pour supplanter la malade.

A Paris, la vélocipédie somnole. L'*Union vélocipédique parisienne* n'est plus qu'une charrette désemparée dans le chemin : elle n'a plus ses roulettes, les pièces de cent sous ; les actionnaires décident d'y mettre le feu en janvier. Le *Sport vélocipédique parisien* subit une des terribles crises de l'enfance. Le *Vélo-Sport* ne vit plus que des souvenirs d'antan.

En province, la vélocipédie fermente. Calais, Dieppe, Montdidier, Tours, Autun, inconnus au vélocipède en 1879, donneront des courses en 1880. Rouen, Fourmies, etc., vont se doter de véloce-clubs. Paris est descendu de 3 500 francs de prix pour 15 courses en 1879, à 2 000 francs pour 8 en 1880 : la glorieuse Angers va pour son compte rétablir l'équilibre de la balance.

L'apparition sur les champs de courses de notre plus remarquable champion, Frédéric de Civry, rompt la monotonie des victoires de Charles Terront.

Au physique : une taille de 1^m,77 qui lui permet de monter des machines de 1^m,45, inaccessibles le plus souvent à ses rivaux ; une poitrine à grands poumons ignorante des essoufflements ; des membres puissamment musclés avec de fines attaches. Au moral, une ténacité phénoménale que la saillie de sa mâchoire de tigre révèle au premier coup d'œil et qui obligea souvent ses amis à le descendre de machine après la course et à détacher du gouvernail ses mains crispées ; un jugement profond qui lui fit toujours évaluer

exactement au second tour de piste le coureur in
connu de lui, et une science infaillible de l'àrt de
la course : courir autant avec la tête qu'avec les
jambes.

Né à Paris en 1861, de Civry ne parut sur une
piste que lorsqu'il fut certain d'y être roi, à l'âge
de 19 ans. Jusque-là il étudia longuement et péni-
blement la vélocipédie, en Angleterre et en
Suisse. Au printemps de 1880 il arriva en France
et parut pour la première fois à Vincennes : Jules
Terront, qui était alors, après son frère Charles,
un des meilleurs coureurs français, ne put le
battre. Le jeune débutant se rendit aussitôt au
Mans pour vaincre Hart et Hommey, dans l'é-
preuve de vitesse, et reprit le train pour Bruxelles
où deux fois le champion belge Noiset dut lui
céder la place. A Saint-Pierre-lès-Calais et à
Calais, Médinger le battit, puis fut battu par lui.

Jusque-là, de Civry s'était montré maître de
tous les vélocipédistes célèbres ; mais l'invincible
Terront n'avait pas encore couru contre lui : ce
fut à Montdidier que les deux adversaires se rencontrèrent sur un parcours de 29 kilomètres. Terront se déclara vaincu.

De Civry passa ensuite en Angleterre où il
acheva son année à triompher deux fois, à West
Drayton, des champions anglais Garrard et Duncan. Puis il festoya tout l'hiver ; car le brillant
coureur eut toujours pour maxime que rien ne

graisse mieux les frottements d'un bicycle que le champagne.

Terront n'avait rencontré qu'une fois de Civry, parce que les deux champions moissonnaient chacun de leur côté. Terront, dès le printemps, opérait en Angleterre, remportant le prix des 100 milles et celui de la course de six jours à Édimbourg et à Hull. Il était revenu ensuite en France ramasser tout ce qu'il y avait à prendre à Fougères, à Saint-Denis et au Carrousel, tandis que son frère Jules faisait la cueillette de la course de fond d'Angers, 169^{kil}, 500 en huit heures, sur le Mail, de celle de sept heures au Mans et de celle de vitesse à Rennes.

... Et Paris dort.

La bourse aux véloces s'approvisionne dès 1880 des types les plus curieux. Les produits français sont ravalés à basse cote; l'Angleterre est maîtresse de la place. La marchandise n'arrive plus de Coventry sous forme seulement de machines complètes, mais les ballots d'écrous, de manivelles, de mouvements différentiels anglais encombrent le marché. On achète fin courant un stock de rayons tangents. Toutes ces pièces détachées tombent aux mains des petits constructeurs français, vrais revendeurs de halles qui, de

morceaux disparates, composent des arlequins de
fer, mi-Humber, mi-Rudge, mi-Aeolus, machines de Marché du Temple, machines françaises ! Jolie année 1890, quand viendras-tu ?

Le coussinet à billes, dont l'acclimatation fut
si longue, est désormais l'ornement et l'utilité de
toutes les machines. Il ne doit d'ailleurs son suc-

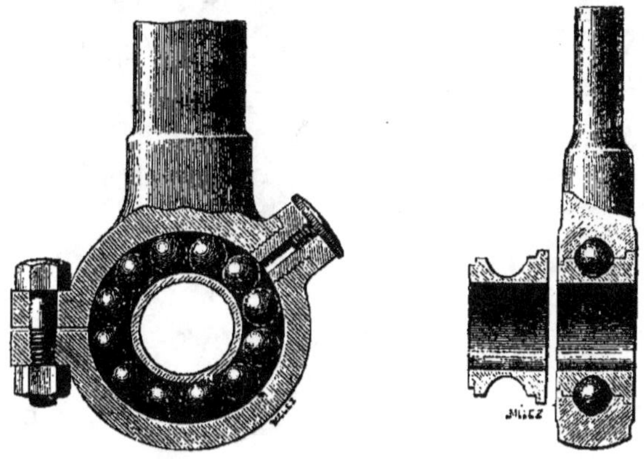

Coussinet à billes (modèle français).

cès soudain qu'à un précieux perfectionnement
qui l'a rendu facilement réglable et l'a mis à la
portée de toutes les maladresses. Il se compose
maintenant d'une bague creusée dans laquelle
courent les billes, fermée latéralement par deux
joues qui, par un pas de vis, s'avancent ou se
reculent, resserrent ou laissent plus libre le roulement. Chaque constructeur a nécessairement son
modèle, qui varie ou par un mode de vissage des
joues ou par une cannelure spéciale de la bague,

modèle que défend toujours contre les invasions

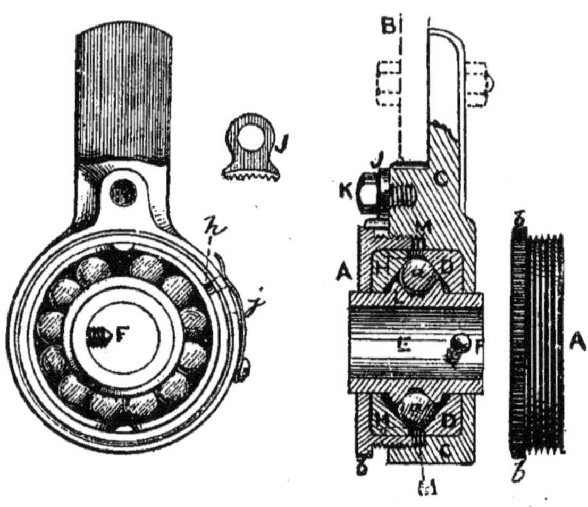

Coussinet à billes, modèle américain de J.-H. Hughes
(d'après le brevet) reproduit par l'*Energy and Cycling Locomotion*

des concurrents un solide brevet. Rudge est bre-

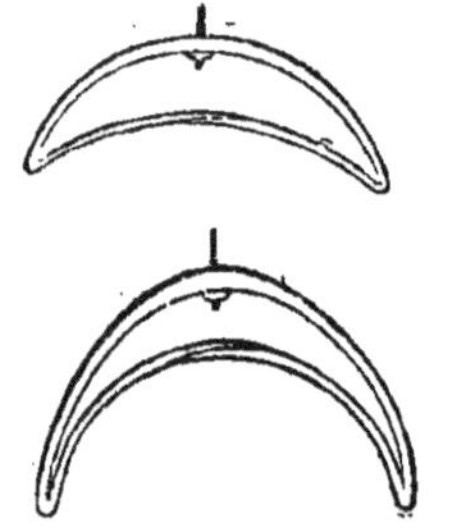

Jantes creuses de Warwick.

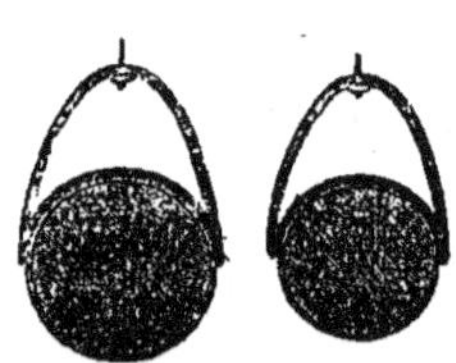

Jantes creuses
de la « Coventry Machinist's ».

veté, Humber est breveté, Renard est breveté ;
même un Américain, J.-H. Hughes, a pris à New-
York, le 18 mai 1880, sous le n° 227632, son

petit brevet de coussinets. Chacun vante ses coussinets ; chaque pâtissier prône ses petits pâtés. Pour tous la farine est la même, mais chaque maison a sa clientèle qui ne veut que ces produits-là et les trouve « divins ».

La jante creuse de Truffault a fait des petites. Sous sa forme primitive, elle est employée par Clément ; tournée en une sorte de pessaire, elle satisfait la *Coventry Machinist's*, et formée d'une seule pièce, une bande de fer modelé dont les deux bords sont soudés dans la concavité ou la convexité ainsi produites, elle fait les délices de Warwick. Trois brevets gardent à vue ces trois sœurs.

La liste des machines en circulation vers 1880 s'allonge en une indéfinie répétition qu'interrompent seules quelques modifications de détails.

La maison Clément et Cie construit plusieurs types de bicycles : le véloce *Omnibus,* le plus répandu et le moins léger, dont « la tête, formant avant-train, évidée à la forge dans un seul bloc, est plus solide que la douille adoptée par la plupart des constructeurs, et ne présente pas, comme celle-ci, l'inconvénient de gripper facilement », et dont la selle « parfaitement adaptée à l'assiette du cavalier » est suspendue sur un ressort en spirale « supérieur à tout ce qui a été fait avant lui » ;

— le véloce *Express*, premier modèle, en tôle d'acier « spécialement préparée » et dont le caoutchouc est *soudé ;* — le véloce *Éclair*, particulièrement destiné aux coureurs, « c'est l'instrument de l'amateur éclairé et de bon goût » ; — le véloce

LES MACHINES DE 1880. — Le véloce « Express ».

Fantôme, qui porte 240 à 300 rayons d'une finesse d'aiguille, « armés en leur milieu par plusieurs légers cercles concentriques qui s'opposent à toute vibration ». Le catalogue ajoute : « A peine est-il en marche que tous les rayons semblent s'évanouir, et l'œil ne perçoit plus qu'une sorte de vapeur fantastique qui voltige des jantes au moyeu. » —Enfin le véloce *Élastique*, « suspension du moyeu de la roue motrice à l'intérieur de cette roue, grâce à l'interposition d'une jante auxiliaire en acier creux, reliée par un système élastique au cercle extérieur roulant sur le sol ».

Les maisons anglaises ne sont pas encore repré-

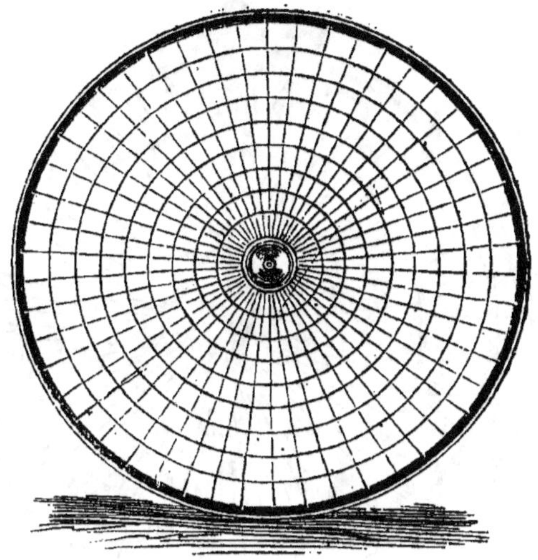

LES MACHINES DE 1880. — Roue de véloce « Fantôme ».

sentées en France. Leurs catalogues, qu'elles envoient aux amateurs dont elles peuvent se procurer l'adresse, font les offres, et un courtier en marchandises ou un fabricant se charge de transmettre les demandes.

L'Anglais Goy, fournisseur attitré de tous les sports, place avec succès, en même temps que « ses yoles de courses, ses raquettes et ses jarretières indispensables », le bicycle *Excelsior* à manivelles détachables, les bicycles « Advance », « Carver », « Centaur » ; les produits de la *Coventry machinist's Company*, le « Club-bicycle », le « Special-club », le « Safety-club », le « Pony-bicycle », la

LES MACHINES DE 1880. — Le véloce « Elastique ».

« Useful-machine » et le « Boy's own » ; de MM. Hilman, Herbert et Cooper, les fameux véloces « Premier » qu'a illustrés en Amérique Ch. Terront ; de MM. Hydes et Wigfull, le « Stanley Improved » et le « Chester » ; de M. William Keen, le « Norvood » et le « Grosvenor » ; de Mair et Cⁱᵒ, le « Tourist » et le « Mercury » ; de Simpson and son, le « Defiance » et le « Albert », etc. Et les etc. finiraient le volume. Le bazar Goy vous prend un homme nu, lui enfile la chemise, le caleçon, les chaussettes et les souliers, le campe

LES MACHINES DE 1880. — Le bicycle
« Xtraordinary Challenge ».

sur une machine, et vous rend à la sortie un veloceman avec une grosse facture en poche, acquittée...

La fabrique Singer et C⁰ veut vous insinuer l'amour de son « Xtraordinary Challenge ». La Surrey machinist Company vous vendrait sans regret sa petite merveille, le « Bicycle invincible », et MM. Stassen and Son vous tirent par la

manche pour que vous regardiez leur « Non-
pareil ».

Les « celebrated Humber bicycles » vous donnent derrière les vitrines des œillades de jolies
machines qui demandent preneurs : elles vous pro-

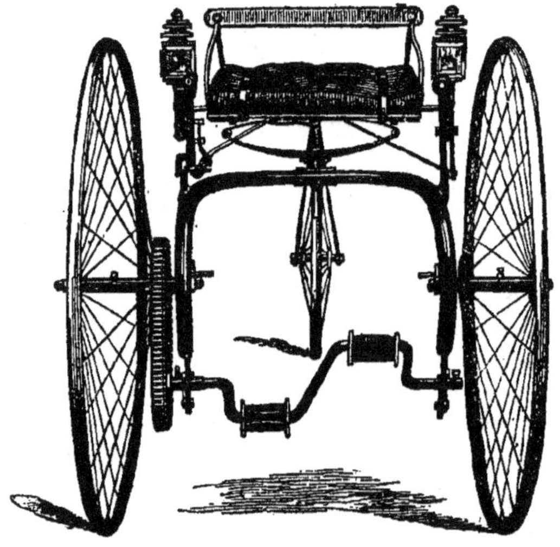

mettent d'être bien « Durable », ou « Roadster »
ou « Semi-Racer ».

Les tricycles, de leur côté, affirment que les bicycles sont de mauvaises gens, dangereuses et
irascibles, que pour rouler en paix il est nécessaire de trois roues et qu'un « Special Salvo » ou
un « Meteor tricycle », amplifié, pour l'amour de
votre femme, en un « Meteor sociable », vous
épargnera des bras cassés et des côtes rompues à

Le tricycle « Omnicycle ».

désespérer toute la chirurgie. Et si vos articulations sont engorgées de goutte et de rhumatisme,
prenez un « Omnicycle » : là, plus de manivelles
dont la rotation énerve les rotules ; pesez simplement sur les pédales comme vous pèseriez sur les

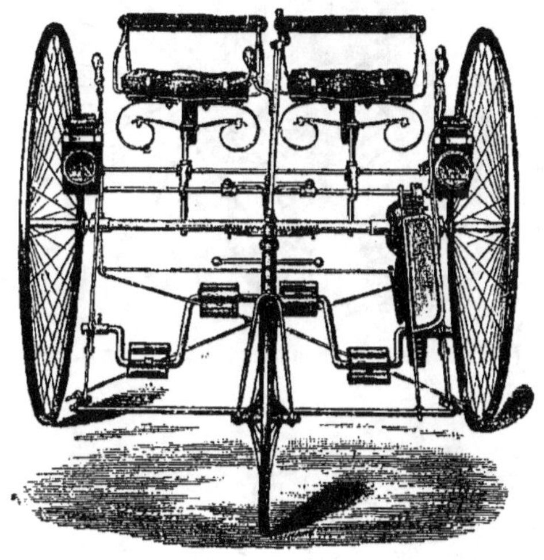

LES MACHINES DE 1880. — Le « Meteor-sociable ».

marches d'un escalier pour le gravir, deux courroies s'enrouleront, se dérouleront alternativement sur l'axe par un mécanisme à engrenages et
vous roulerez sans y penser. La vieillesse n'est
désormais plus un considérant pour la vélocipédie. Vous ne descendrez de machine maintenant que le jour de votre mort, pour monter au
lit...

12.

Jeune mais douillet, désirez-vous une machine caline, sans à-coups, un fauteuil rembourré am-

LES MACHINES DE 1880 *(suite)*.

Le tricycle à engrenages « Excelsior »

Le tricycle « Challenge ».

bulant, écrivez à la « Tangent et Coventry Tricycle Cᵒ » qui vous répondra par un « Coventry-tricycle » à leviers. Vous plaisez-vous à courir par

Le « Coventry-tricycle ».

Le tricycle « Telescopic » à chaîne centrale.

les chemins étroits, comme les lièvres ? Elle vous
expédiera son « Coventry-rotary », où chaînes,
frein et lanterne ont des perfections de bijoux.

Même cette ingénieuse maison vous réserve une
surprise. Tout à coup elle va vous proposer une

La première « Bicyclette » (1880).

curiosité, mais dont vous ne voudrez pas, pas plus
qu'aucun de vos contemporains. Vous la trouverez
disgracieuse, difficilement dirigeable ; vous ajou-
terez peut-être en voyant ce petit monstre, comme
l'écrivit en 1885 le journal *le Veloceman*, qu'il ne
pourra jamais marcher « parce que la roue motrice d'une machine doit être située à son avant ».
Vous hausserez les épaules et vous tournerez le
dos à celle que vous adorerez demain, à la *Bi-*

cyclette! Plus tard, la maison « Starley-Sutton » débaptisera votre dédaignée, la nommera « le Rover », le bicycle de sûreté : vous aurez encore le haut le-cœur. Vous supplierez qu'on éloigne de vous ce calice et les inventeurs obéiront, laisseront se noyer dans le domaine public leur brevet, cette folle idée, cette rêverie sans avenir !

L'anarchie en France vers 1880 poussait ses herbes entre chaque club vélocipédique. Elle eût tout descellé ; le pays où le vélocipède était né et avait grandi, d'où il était parti à la conquête du monde, n'eût plus été sillonné désormais que par des amateurs en débandade, si d'énergiques mains n'eussent lancé sur toutes ces forces errantes un coup de filet qui les réunit volontairement. La période de 1880 à 1881 a le mérite, discret mais considérable, d'essayer et de réussir ce ralliement sous un étendard unique, l'*Union vélocipédique de France.* Oh ! l'étendard fut insulté dès qu'il commença de flotter au vent ; sa hampe faillit plus d'une fois se briser dans les tempêtes, mais toujours il est resté droit, même au jour où deux clubs seulement la maintenaient encore (1882) ! Depuis, seuls les petits journaux, les petits journalistes, les petites sociétés et les petites ambitions aboient ; tous les grands clubs de France, amis du grand sport grandement pratiqué, ont accepté sa discipline et admis les statuts inscrits dans ses plis.

Le Véloce-Club de Saint-Pierre-lès-Calais vit le premier la nécessité d'une concentration vélocipédique. Son initiative réunit le 6 février 1881 à Paris les dix délégués de douze sociétés importantes qui votèrent à l'unanimité la fondation de l'Union. C'étaient MM. E. Bertrand, représentant le V. C. de Saint-Pierre-lès-Calais; Loisel, la Société rouennaise de vélocipédistes; Rouvier, le V. C. de Saumur; Varlet, le Bicycle-Club de Lyon et le V. C. de Tournus; Viltard, le V. C. Réolais; Poulain, le V. C. de Montdidier; Hoffmann, le V. C. dieppois et les British Residents B. C. de Paris; Devillers, le S. V. Parisien; Clément, la S. V. Métropolitaine; et de Graffenried, le V. C. de Paris.

La décision la plus importante prise par le congrès fut l'adoption de la division des coureurs en *amateurs* et *professionnels* comme en Angleterre, afin de permettre aux amateurs anglais de courir en France, ce que leur interdisait auparavant l'Union anglaise qui considérait tous les Français comme professionnels[1].

Pour les velocemen-touristes, elle créait l'organisation précieuse des consuls et chefs-consuls en

---

1. Voir les *Statuts de l'Union vélocipédique de France,* rue du Louvre, 36, Paris.

permanence dans les principales villes de France, qui leur fourniraient tous les renseignements dont ils pourraient avoir besoin et prendraient en main la défense d'intérêts communs.

Ces cinquante lignes sèches suffiront à saluer les jeunes années de cette Union toujours décriée pour mille prétextes infimes, mille coteries ridicules, plus ou moins succédanés de ce principe : les Français ne s'enrégimentent point. Ces moineaux, vive et piailleuse espèce, vivent en société, mais sans chefs, en bandes où d'allonger un coup de bec à son voisin on ait le liberté.

Les présidents les plus persuasifs se sont succédé : MM. Devillers, Varlet, baron Séguier, Messine; aujourd'hui, depuis 1888-89, M. Georges Thomas répand à flots son intelligence et son activité; son brillant état-major, MM. Ladevèze, Grossin, d'Etchepare, Viltard, Seltz, Pradeilles, Pagis, etc., combat de son enthousiasme, de sa plume ou de son porte-monnaie. Les rangs ennemis s'éclaircissent, et le jour viendra où tous les vélocipédistes comprendront que les guerres civiles retardent pour eux la victoire sur les autorités têtues et le public routinier.

Le 2 juin 1880, une des plus considérables et des mieux unies des réunions de Paris, s'était consti-

tuée sous le nom de *Société vélocipédique métropolitaine*; à Lyon, le vaillant *Bicycle-Club*. L'intelligent M. Devillers venait en même temps de
jeter en encouragement aux sportsmen la nouvelle
feuille *le Sport vélocipédique*, dont l'Union devait
faire plus tard son porte-paroles. — Des espérances
de refloraison pointaient enfin.

En octobre, les Folies-Bergère, tout à coup,
exhibèrent un singe vélocipédiste. Les cyclistes
prenaient plaisir à l'applaudir chaque soir du cri
de : « Vive le professionnel! »

Ainsi l'année de la naissance de la petite bicyclette finissait en une grimace de singe, en ironie
aux courtisans qui, après l'avoir longtemps traitée
d'enfant non viable, devaient plus tard en elle ac-
clamer leur souveraine.

De 1855 à 1879, toutes les pièces de l'appareil

Le musée de l'histoire « curieuse » de la vélocipédie ferme ici. Plus loin, les salles sont bien
cirées, mais vides.

De 1855 à 1879, toutes les pièces de l'appareil
contemporain sont entrées au catalogue : manivelles, billes, jantes creuses, mouvement différentiel. Monocycle, bicycle, tricycle, quadricycle, bicyclette même ont leur numéro d'ordre. L'an 1880
a complété les dernières collections. Dix ans suivants n'ajouteront pas une ligne à la liste (car 1890

n'a tracé encore qu'au crayon son invention des caoutchoucs pneumatiques, et l'expérience peut l'effacer demain).

Dès 1881 la monotonie tend entre chaque fait vélocipédique de longues toiles d'ennui. Une année dit: « On construit bien, on court bien, » et les échos des dix années suivantes se repassent le son : « On construit bien, on court bien! » Les sports n'ont d'ailleurs plus d'histoire lorsqu'ils sont heureux.

La réclame aussi, dès que le chroniqueur approche des temps modernes, se cache dans les encognures des maisons de vente, et je ne veux pas être soupçonné de lui avoir caressé le menton.

Maintenant donc le récit des prouesses vélocipédiques va se resserrer en un résumé. Je ne servirai plus à mes distingués lecteurs qu'un consommé d'histoire.

CHAPITRE IV

LA DIFFUSION DE LA VÉLOCIPÉDIE

(1881-1885)

L'Union vélocipédique française. — Les femmes cyclistes.
— Les grandes courses. — Terront, de Civry, Médinger.
— Les machines contemporaines. — La vélocipédie mili-
taire (1886).

La période qui fait l'arche de fin 1880 à fin 1885
est, moins que les autres, chargée d'intérêt. Elle
ne tient pas à la chair même de la vélocipédie.
Sans elle, par impossible, le sport serait presque
parvenu au point où il rayonne aujourd'hui. Période d'éclat, de travail, d'installation, non d'invention.

Au physique, le véloce ne subira plus aucun
changement radical, essentiel, mais il s'affinera et
s'allégera. Les membres et leurs articulations sont
arrêtés, définitifs : on travaillera le corps, l'ossa-

ture. On a trouvé les détails d'une machine, le perfectionnement de son roulement ; on cherchera maintenant quelle forme utilise le plus pratiquement la force que l'homme lui confie. Une infinie variété de machines se lève d'abord, puis, peu à peu, comme en un gâteau soufflé, l'effervescence tombera, tout s'affaissera autour de deux fruits, qui seuls pointeront encore après le refroidissement, la bicyclette et le tricycle-cripper.

Au moral, la cohésion vélocipédique s'accentuera d'année en année. L'*Union*, mètre à mètre, défrichera lentement le sol rocailleux des ambitions. D'adroites coupes dans ses statuts y jetteront la lumière et l'air. Le véloce gagnera quotidiennement la jeunesse, mais encore plus celle des ateliers que celle des salons ; le monde élégant, à quelques intelligentes exceptions près, se garera encore longtemps de lui comme d'une machine à crotter les souliers vernis. L'utilité de ces roues d'acier qui passent n'attirera d'ailleurs l'attention soutenue du public que le jour où quelques journaux spirituels raconteront en riant que des pensionnaires de Charenton ont proposé d'appliquer le vélocipède à l'armée...

Jamais d'ailleurs, en aucun autre temps, la course vélocipédique n'aura vu de plus belles journées. Ce sera l'époque étincelante des trois grandes pédales : de Civry, Ch. Terront, Médinger.

Un des plus sincères partisans de la vélocipédie,
M. Boileau, président du Bicycle-Club de Lyon,
écrivit un jour au *Sport vélocipédique* : « Les
vélocipédistes sont bien les ergoteurs et les rai-
sonneurs les plus enragés que je connaisse. » —
L'histoire lamentable des premiers ans de l'*Union
vélocipédique de France* justifie ce coup de verges.

En 1882, les attaques contre la constitution de
l'Union redoublent et le nombre des sociétés ad-
hérentes est réduit à deux : la S. V. Métropolitaine
et le B. C. de Lyon. Un nouveau congrès général
des sociétés est convoqué le 15 août à la mairie de
Grenoble, qui arrête les bases sur lesquelles l'Union
doit être réédifiée pour que la majorité daigne entrer dans le temple : division des coureurs en deux
séries d'après leur force sous les dénominations
Juniors et *Seniors*, représentation égale des clubs
au congrès, fixation de la cotisation annuelle à
raison du dixième du montant des cotisations en-
caissées par chaque club.

Cette revision porte à huit le nombre des clubs
unionistes en 1883. Le congrès du 23 juin, tenu
en la mairie d'Agen, vote la création de courses
nouvelles pour tricycles et bicycles dans la classe
des *Juniors*, et se donne rendez-vous pour l'année suivante 1884, le 27 septembre, à Paris, au

siège de la S. V. Métropolitaine. Dix heures, cette fois, sont nécessaires aux délégués pour épuiser l'ordre du jour : création d'un conseil permanent, division de la France en quatre régions cyclistes, nord, est, ouest, sud, et réglementation des records.

Les samedi et dimanche 30 et 31 mai 1885, nouveau congrès à Bordeaux dans les salons du Véloce-Club Bordelais : approbation des écritures, la balance portant au plateau des recettes 1 255 fr. 05, au plateau des dépenses 673 fr. 15 (hélas!), création des championnats de France de fond sur piste de 100 kilomètres pour bicycles et de 50 pour tricycles.

L'adhésion de huit cercles sur 70, telle est à la chute du rideau de 1885, la dernière scène de *l'Union et les enfants prodigues!* Bien loin de là, à Prague, *l'Union vélocipédique tchèque* (ceska ustredin jednota velocipedistu) naît en 1884 sous le souffle chaud du célèbre sportsman bohémien Joseph Kohont, et trente clubs se serrent contre elle! — Mais tous les points d'exclamation d'un écrivain ne peuvent percer des esprits entêtés.

Les troupes unionistes et les bandes anti-unionistes bataillaient en de continuelles escarmouches. Auprès du *Sport vélocipédique*, le soldat du bon combat, s'étaient levés en 1885 les journaux *le Veloceman*, qui eut tôt vécu, et *le Véloce-Sport*, fondé par M. de Lados, qui prit bientôt les allures et l'autorité d'un *Figaro* cycliste ; la *Revue vélo-cipédique*, sous l'habile direction de M. Gébert, entrait dans la lutte toute bardée d'esprit.

Dans le camp adverse, deux sectaires bombardaient l'*Union* de questions de personnalités, visant les hommes, non les choses, le *Vélo-Pyrénéen* et le *Bulletin du Club béarnais*. Entre les feux, des livres, des brochures, des feuilles diverses couraient entre les rangs : le *Véloce*, en 1882 ; le *Vélo*, en 1885 ; en 1885 également, *lou Veloucipède*, par F. Vidal, imprimé à Aix ; le *Bulletin du Véloce-Club grenoblois*, etc.

Loin des tirailleurs, M. A. de Baroncelli préparait les précieux volumes par lesquels un veloceman a soin de commencer sa bibliothèque, la glorification du tourisme par la démonstration de ses charmes. L'*Annuaire de la vélocipédie pratique* escorté du *Guide des environs de Paris* sont partis évangéliser les incrédules plus fructueusement que les longues tirades des journaux.

L'évangile encore, sous les jolies espèces de la femme, était administré aux païens.

Une bicycliste américaine, Elsa Von Blumen, entreprit en décembre 1881 de franchir 1 609 kilomètres en six jours. La piste n'avait que 100 mètres de tour. Le lundi, à 1 h. 15, l'héroïne commença de pédaler, assez vigoureusement pour aller frapper dans l'œil du correspondant du *Bicycling Word* qui télégraphia à ses lecteurs : « Cette femme, on dirait la poésie du mouvement ! » (*Sic.*)

La première journée, elle franchit 160 milles (257 kilomètres), quittant la piste à 11 h. 55 du soir, avec le dernier gaz. Le lendemain, 265 kilomètres furent avalés par ces jambes inassouvies ; le mercredi 250, le jeudi 279. Le vendredi, la suppliciée volontaire paraissait fatiguée. Son poids avait diminué de plusieurs livres. Ses membres raidis la faisaient souffrir ; la peau de ses mains se levait en ampoules. Le samedi, beaucoup de dames étaient accourues, pour l'applaudir bruyamment, et se moquer d'elle derrière leurs éventails ; à minuit moins 8, le dernier kilomètre passait sous la grande roue de la bicycliste ! L'enthousiasme s'incarna en des corbeilles de fleurs pleuvant sur la piste, en une magnifique parure de brillants offerte au nom des dames présentes par miss Ladie Smyth... En quinze jours, miss Elsa se rétablit ; quinze jours de lit effacèrent là où ils le devaient les traces de 142 heures de selle continue...

Une seconde Américaine prit en 1882 le bicycle au bond. C'était Mlle Armaindo, champion bicyclienne du monde (*sic*), originaire de Montréal. Dans une course de 5 milles, elle rendait un demi-mille à M. W. Eycke, de New-York, et le battait. En 1883, elle provoqua en une course de six jours les Anglais Woodside et Morgan et les passa à leur tour sous les fourches de son véloce. Seul Woodside redressa la tête et écrivit le 21 juillet 1883 à la *Revue des Sports* : « Des excuses en face des merveilleux exploits de la vaillante petite Mlle Louise Armaindo seraient déplacées ; mais je suis loin d'être convaincu de sa supériorité sur moi. C'est pourquoi je lui porte un défi de recommencer la même lutte, le prix étant de 100 à 1 000 dollars et le titre de champion d'Amérique. » — Comment finit l'aventure, les journaux ne le disent pas : ils tirent le rideau.

Le 30 juin 1885, en France, Mme Ch. Terront, la femme du célèbre champion, établissait sur la route de Saint-Sever à Bayonne le record pour dames de 108 kilomètres, d'une allure moyenne de 10 kilomètres à l'heure. La vitesse était petite, mais l'exemple était grand. Aussi, dès septembre, la feuille anglaise l'*Irish Cyclist* publiait-il la lettre d'un médecin qui, sous le titre de « *Tricycling for Ladies* » recommandait chaleureusement aux dames la pratique du tricycle qu'il déclare « plus hygiénique que la danse ». Au reste, ajoute-t-il, un bain chaud suivi immédiatement d'un bain froid, après la course, leur assurera l'impunité...

Vers ces dates seulement, les joyeuses robes rouges ou bleues des velocewomen, les coquelicots et les bleuets reprennent sur les routes l'escorte des cavalcades vélocipédiques.

13.

Les courses françaises de 1880 à 1885 se résument dans les victoires de de Civry. Ses rivaux Ch. Terront, Médinger et Ch. Hommey le battront-ils? Ils ne le battent pas. Telles sont la question permanente que se posent les cyclistes et la réponse invariable que le grand coureur leur donne[1].

Le départ pour le service militaire, en 1881, de Médinger, Terront et Ch. Hommey facilite l'étonnante victoire de de Civry, qui enlève trente-trois des trente-cinq courses qu'il dispute. A Angers, le coureur de vitesse se révèle coureur de fond extraordinaire, contrairement aux opinions générales; à Paris, au Carrousel, il gagne le premier championnat de France de 10 kilomètres sur G. Pihan, mais il succombe à Tours devant Ch. Terront par un manque de tactique. C'était un faux pas dont il effaça vite le souvenir en passant en Angleterre : là, onze courses, onze victoires. A Londres, à Cardiff, à Wolwerhampton, à Taunton, sept fois de suite il humilie l'Anglais Keen. A Manchester et à l'Alexandra Park, deux fois il oblige Duncan à baiser sa petite roue. Enfin il termine la saison en battant toutes les vitesses

1. Consulter les remarquables études sur les courses françaises de M. G. de Moncontour, un des sportsmen vélocipédiques les plus compétents.

alors connues depuis le 17ᵉ kilomètre jusqu'au 32ᵉ, parcouru après 1 h. 4′21″.

En 1882, deux coureurs semblent vouloir l'approcher de bien près, Duncan et Médinger. Cependant, ni à Lyon, ni à Angers où il gagne la course de vitesse, ni à Grenoble où pour la seconde fois il enlève l'écharpe de champion de France, de Civry ne se montre bien inquiet de ces prétentions. Seul, Terront, deux fois encore, a retrouvé sa virtuosité d'autrefois pour lui arracher la course de fond d'Angers et l'épreuve de vitesse d'Agen.

Au mois de mars 1883, de Civry décroche la magnifique timbale qui étincelle au milieu de ses trophées, le *Championnat du monde de 50 milles*, qu'il ravit malgré le vent et la neige aux coureurs anglais. Trois jours après, il ajoutait à ses collections le *Championnat du mille* que Howell, réputé invincible sur une aussi courte distance, dut lui abandonner. Mais les coureurs français se montrèrent moins disposés à accepter sa supériorité : Médinger, dans deux matchs à Pau et à Angers, faillit le dépasser, et Duncan suivi bientôt de Ch. Terront ne lui cédèrent que la seconde place dans l'Internationale et la course de fond de six heures. Mais à Grenoble, tous ses adversaires réunis furent défaits. De Civry allait remporter une troisième fois le championnat de France à Agen, quand une chute lui brisa le cubitus et coupa net son succès. A la fin de la saison cependant, il put remonter en selle pour assurer sa convalescence par la prise du *Championnat de tricycle* à Grenoble.

Il avait touché terre en 1883, il récidiva en 1884 : à Cognac, une femme en traversant la piste au moment de l'arrivée lui donna l'occasion de se luxer le radius du bras gauche et de cesser ses courses en pleine forme. Rétabli, il heurta son bicycle, aux journées de Bordeaux, contre celui de Médinger et tous deux roulèrent en bas. De Civry ne fut pas encore guéri à temps pour disputer le *Championnat de France de bicycle;* mais il se leva assez tôt pour se conserver le titre de champion tricycliste sur Ch. Terront, qui n'eut jamais de valeur que sur deux roues.

Cependant les chutes cessèrent dès 1885 et la bonne santé du coureur s'affirma par cinquante premiers prix en France ! Une troisième fois le championnat de tricycle lui appartint, mais un nouveau venu, Jules Dubois, lui enleva le championnat de 100 kilomètres couru autour de Longchamps.

La haute valeur des adversaires de de Civry lui permit seule d'accomplir ces extraordinaires performances. Son goût du sport, enraciné de naissance, et sa compréhension parfaite des principes de l'entraînement firent le reste. Plus tard, retiré des pistes, le sportsman excellent se montra parfait commerçant : aujourd'hui il fait des performances dans les affaires.

Partout des matchs s'organisèrent. L'antique et
ridicule querelle du cheval et du bicycle se raviva :

L'éléphant Jack (d'après M. Gébert).

en novembre 1885, M. Marson d'Autume, montant *Domino*, cheval breton issu d'arabe, et M. Bon-
nefoy, à bicycle, parcoururent la distance de Paris
à Rouen (124 kilomètres) le premier en 6 h. 11′;
le deuxième en 6 h. 17′, sur un terrain détrempé.
En décembre, de Civry lança à un cheval du comte
de Lahens un défi qui ne fut jamais relevé. Vers
les mêmes jours, en Amérique, la lutte de bicy-

clistes et de trotteurs américains donnait les résultats suivants :

1ᵉʳ mille — bicycles :	2'39"	— chevaux :	2'10"
10 —	—	29'19"	—	27'23"
20 —	—	59' 6"	—	58'25"
50 —	—	2ʰ43'59"	—	3ʰ55'20"
100 —	—	5ʰ51' 7"	—	8ʰ55'53"

La supériorité des chevaux était manifeste jusqu'au 40ᵉ mille environ pour décroître rapidement et disparaître dès le 50ᵉ. D'ailleurs aucun camp n'admit les résultats, et les journaux spéciaux seuls profitèrent de la querelle en bourrant leurs colonnes des incessantes discussions qu'aucune conclusion ne justifia jamais.

L'Hippodrome de Paris suscita un troisième prétendant. En juillet 1885, l'éléphant Jack, en tricycle, faisait le tour de l'arène : son écurie était tapissée des bouquets de ses admirateurs.

Les machines, de toutes familles, de toutes paroisses, pullulaient. Le 9 janvier 1883, Michaux, recueilli à la maison de vieillesse de Bicêtre, y mourait âgé de 69 ans. Ses dernières années, presque gâteuses, s'étaient écoulées dans l'abandon. A peine, dans sa misère, de la voiture d'infirme qu'il mouvait avec la main, put-il apercevoir les préparatifs de l'apothéose de sa découverte!

Le monocycle avait donné de ses nouvelles : le 2 janvier 1882, un Italien, M. Scuri, ami de la réclame, qui prétendait avoir en 1880 parcouru de Milan à Turin 200 kilomètres sur son instrument, essaya un monocycle nouveau dans les ateliers de Clément, en présence de MM. de Civry, Charles et Jules Terront, Viltard, Grossin, Pagis, Médinger, Hommey, etc. L'innovation consistait seulement en une roue caoutchoutée de $1^m,16$, de bicycle auquel on aurait coupé le corps immédiatement après le ressort de la selle. C'était un équili-

Le monocycle Scuri.

briste excellent, qui plut par la hardiesse de ses tours; c'était surtout un illusionné qui se hâta, dès les premiers compliments, de prendre des brevets pour la France, l'Italie, l'Angleterre et l'Amérique.

MM. de Dion, Trépardoux et Bouton commençaient déjà les études de leur machine routière à vapeur, qui ne se rattache à la vélocipédie que par les roues et qui fit plus tard tant de poussière dans le monde. Plus pratique, vers la même époque, un constructeur parisien proposait au Conseil municipal de Paris la création d'un chemin de fer vélocipédique : des quadricycles sur rails, actionnés par des hommes, se succéderaient de minute en minute suivant les besoins pour le transport des voyageurs. Une ligne d'essai allait être construite dans un quartier de Passy, quand une crise politique enleva l'attention du Conseil municipal. Chacun de ces messieurs ne songea plus qu'à la conservation de son siège, et le remarquable projet fut jeté aux oubliettes de la Ville.

Une très originale conception de M. Berruyer, l'éminent cycliste de Grenoble, enthousiasma en 1883 les amoureux d'innovation et de progrès quand même.

Aux bonnes machines qu'on construisait enfin il manquait une chose seulement : le bon terrain. On construirait donc le long des principales routes de France des *véloces-voies*, des rubans d'asphalte ou de toute autre matière compacte, large d'un mètre environ, qui seraient affectés au passage exclusif des vélocipèdes. Le paiement d'un droit de circulation rétribuerait les gardes-voies, et sur ces routes indéfonçables le service des postes, le transport des petits paquets, la défense militaire même gagneraient une économie et une vitesse inappréciables. — La véritable vélocipédie militaire ne se révélera peut-être jamais mieux que sur ces réseaux. Il est au moins curieux qu'une Société financière n'ait pas encore compris de quels beaux dividendes les *véloces-voies* sont capables de réjouir leurs actionnaires!

Les beaux dividendes n'étaient guère encore en France la clientèle habituelle des constructeurs et marchands de vélocipèdes. L'historique des maisons de vente se heurte, presque à chaque feuillet, à une déconfiture. Jusqu'en 1882, seuls à Paris, Clément, rue Brunel, et Truffault, à la porte Maillot, possédaient des magasins. En 1883, Médinger ouvrait un dépôt de différentes marques anglaises, le fermait en 1884 et le cédait à M. Guillet, un habile homme qui y gagna de quoi se retirer à la campagne. La maison anglaise Rudge venait de confier sa représentation en France à MM. Rousseau et Ingold, qui n'avaient pas hésité à charger de la responsabilité les larges épaules de de Civry : un premier magasin Rudge s'installait donc dans l'avenue de la Grande-Armée. En 1885, MM. Renard frères créaient la première usine, véritablement française jusqu'en ses tubes et ses écrous; toutes les pièces étaient fabriquées à Paris; l'industrie parisienne s'émancipait de la fourniture anglaise, et ses ateliers désormais n'étaient plus uniquement comme autrefois les salles d'ajustage des matériaux étrangers.

Il était temps que la France commençât à montrer que si elle était la vassale vélocipédique de l'Angleterre, elle n'était pas son esclave. Car la terrible suzeraine arrondissait formidablement sa puissance. — A l'exposition de l'Agricultural Hall de 1882, au Stanley Show, pas moins de 114 fabricants avaient apporté plus de 2.000 machines ! MM. *Humber*, *Marriot et Cooper*, de Nottingham, produisaient là 15 bicycles et tricycles de coureurs célèbres et le bicycle de M. Hillier, champion des amateurs du moment ; *Rudge et C°*, de Coventry, le bicycle de Howell, 13 kilos ; la *Saint-George Foundry C°*, de Birmingham, le bicycle de M. Duncan, champion de Middlesex, « avec billes aux deux roues et aux pédales, jante creuse de course de MM. Clément et Cie ». La *Coventry machinist's C°* donnait 33 machines dont un tricycle pour le prince de Galles ; la *Surrey machinist C°* produisait de jolies machines, et cette particularité qu'elle avait abandonné radicalement les rayons tangents.

La Compagnie Rudge cependant poussait plus avant que toutes les autres en France sa renommée d'élégance et de solidité : de Civry inscrivait en peu de mois côte à côte la commande d'un tricycle pour le comte de Menabrea, fils de l'ambassadeur d'Italie ; d'un tricycle convertible pour M. Lambert de Sainte-Croix, le sénateur, et d'un convertible pouvant être monté par une, deux ou trois personnes, pour le colonel Gessler. La Société Parisienne ripostait aussitôt par la fourniture d'un bicycle nickelé au prince Orloff, et Clément livrait

12 tricycles au journal *le Matin* pour le service de ses kiosques (1884).

La construction du bicycle avait atteint son

LES MACHINES DE 1885

LES BICYCLES DE SURETÉ

Le Kangaroo.

apogée en 1884. Il était devenu presque impossible d'établir une machine de course de moins de 10 ou 11 kilos et une machine de route qui en pesât moins de 15 ou 16. En 1883, on avait parlé de l'aluminium, métal rigide et léger, qui eût

LES MACHINES DE 1885

LES BICYCLES DE SURETÉ

Le Safety.

Le Facile-bicycle.

permis d'abaisser à 6 ou 7 kilos le poids de l'instrument, mais son prix excessif en eût fait une machine dangereuse pour la bourse du veloceman et l'idée ne passa jamais à la forge.

Les tendances inclinaient au contraire vers la pratique. La hauteur de 1ᵐ,3o à 1ᵐ,4o, où la plupart des bicycles perchaient leur cavalier, effrayait beaucoup d'apprentis. On chercha une machine basse qui, le danger en moins, dévorât autant d'espace qu'une machine élevée : on chercha le *bicycle de sûreté*. Le premier modèle fut la copie anglaise, sous le nom de *Kangaroo*, du véloce que le Marseillais Rousseau avait inventé en 1877 ; le second, le *Facile-bicycle* de Renard, muni de son parallélogramme ; le troisième, le *Safety*. Et chaque maison s'empressa de se munir d'un brevet pour une disposition de chaîne ou de levier inédite, afin de construire les « incroyables » machines, auxquelles personne ne voulut croire, car le bicycle de sûreté, dans ses formes primitives, n'entra jamais dans les habitudes.

En 1883, Truffault s'était rappelé aux oublieux par la fabrication du plus parfait des bicycles de sûreté, le *Sphinx*, ainsi nommé de ce que toute chaîne et tout levier étaient proscrits de sa machine, qui, haute de 0ᵐ,75 seulement, donnait néanmoins par tour de pédale une multiplication de 1ᵐ,5o : une boîte métallique placée au côté gauche de l'axe de la grande roue renfermait l'énigme, un mouvement assez complexe dont la compréhension échappait aux simples vélocipédistes. Mais la délicatesse du système, et son mystère, empêchèrent son succès.

Une liste des principaux genres de bicycles, dressée à la fin de 1885, cite dans le commerce cinq types principaux : 1° le *bicycle ordinaire*, gracieux, peu encombrant, facile en plaine; gravit

Le Sphinx, de Truffault (1883).

bien, mais descend mal, chutes dangereuses et fréquentes; voyage mal la nuit; ne porte pas aisément de paquets; 2° le *Safety à chaînes*, idéal d'un vélocipède de poche, le modèle le moins encombrant, peu sujet aux chutes, descend bien les côtes : le type *Kangaroo* en est la meilleure expression, mais se dérange trop à cause de la tension inégale des chaînes; monte mal les côtes et possède une direction trop sensible ; 3° le *Safety sans chaînes*, facile et léger, mais disgracieux, peu

Le Rover (seconde forme de la bicyclette) (1885).

vite, car il est impossible de marcher vite sur une roue de 1 mètre sans multiplication ; bon pour les côtes et les promenades ; 4° le *Sphinx*, élégant, mais trop délicat et d'une direction trop sensible ; 5° le *Rover*, chutes en avant et en arrière impossibles, mais d'une direction difficile et d'un type fort laid, qu'il soit construit par Rudge, Hille-

LES MACHINES DE 1885
LES TRICYCLES

Le Salvo.

mann ou Singer. — Or le *Rover* était encore le
nom commun de la bicyclette.

La construction du tricycle était plus terne.
En 1884, on n'avait pas encore résolu le problème
d'une machine stable, commode, légère et rou-

lante. Cependant d'importantes améliorations s'é-
taient succédé : allégement du corps dans le *Salvo*,
établissement du cavalier dans la position verticale, chaînes mieux soignées, tendance à placer
un coussinet à billes dans tout endroit à frotte-

LES MACHINES DE 1885

LES TRICYCLES

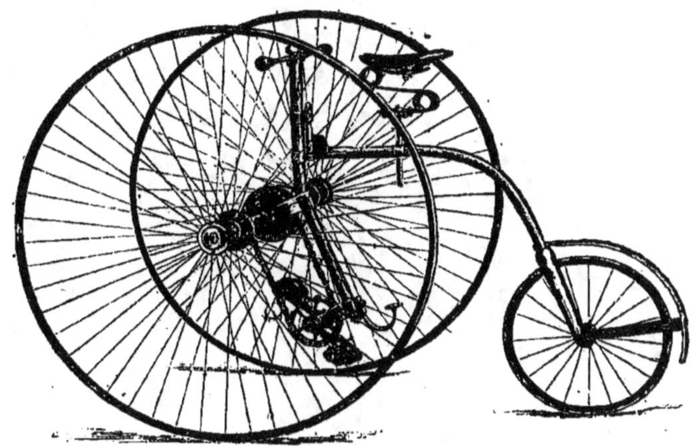

L'Imbattable.

ment. Mais un modèle nouveau accapara vite la
mode, l'*Imbattable*, construit par Humber et par
Clément, qui réunissait les avantages de la direction du bicycle et ses désavantages de chutes en
avant.

Tout à coup, en fin de 1885, un troisième type
de tricycle paraît aux vitrines anglaises : deux
roues motrices à l'arrière ; à l'avant, une petite roue

guidée par un gouvernail de bicycle, le *Cripper*. Le petit tricycle devait bientôt jeter à la ferraille ses grands confrères et rester le type presque unique de la machine à trois roues contemporaine.

La même liste récapitulative des machines en

Le premier « Cripper » (1885).

cours en décembre 1885 cite cinq types principaux de tricycles : 1° le *Cripper*, le meilleur pour descendre les côtes à n'importe quelle vitesse; sûreté de la direction rendue automatique par un ressort, mais dureté dans les ascensions, et trépidation excessive dans le gouvernail; 2° l'*Imbattable*, monte bien les côtes, machine très douce; mais les descend dangereusement en raison de

LES TRICYCLES

Le tricycle de course.

Le vélocimane.

sa direction trop sensible; 3° le *Rotary*, tricycle idéal du touriste, qui place aisément à ses côtés tout son bagage, cannes à pêche, fusil, etc.; mais très dur aux côtes et très dangereux aux descentes; 4° le *Salvo*, tricycle classique, machine de promenade; 5° le *Royal-Crescent*, préconisé par Rudge, machine douce mais sans solidité.

La question de la trépidation dans le gouvernail avait torturé plus d'un ingénieur. La Compagnie Rudge crut, par son Royal-Crescent, lui avoir donné une solution dans la construction en forme de V horizontal de la fourche qui supportait la roue d'avant. Mais ce porte-à-faux occasionna des ruptures continuelles et le prompt abandon du modèle.

Une compagnie anglaise, « Quadrant Tricycle C° », fondée en 1884, s'appliqua dès le premier jour à ne construire que la machine de route. Après de longues recherches, elle produisit l'appareil qu'elle dénomma « tricycle n° 8 A » et qui lui valut l'ennui productif d'augmenter à plusieurs reprises son emplacement et son outillage pour satisfaire à toutes ses commandes. La première, elle éleva la roue directrice de 45 à 66 centimètres, obtenant ainsi une précieuse diminution de résistance dans le roulement. Elle trouva ensuite l'ingénieux procédé de suspension de cette roue : la roue directrice fut placée dans une fourche dont les branches arrondies en forme d'arcs de cercle (quadrants, ou quarts de cercle) servent de rails aux glissières ou roulettes dont est munie chaque extrémité de l'axe de la roue. — La douceur du système contenta à ce point les amateurs qu'au-

LES MACHINES DE 1885

LES TANDEMS

Le tandem à parallélogrammes.

jourd'hui une grande tribu de « quadrantistes », non de tricyclistes! possède un organe fort bien rédigé, le journal *le Quadrant.*

L'artillerie tricycliste accuse dès 1885 un nombre imposant de tricycles porteurs, dont les laitiers comprennent les premiers l'avantage; de vélocimanes à l'usage des paralytiques des membres inférieurs; de tricycles d'infirmes, pour

LES SOCIABLES

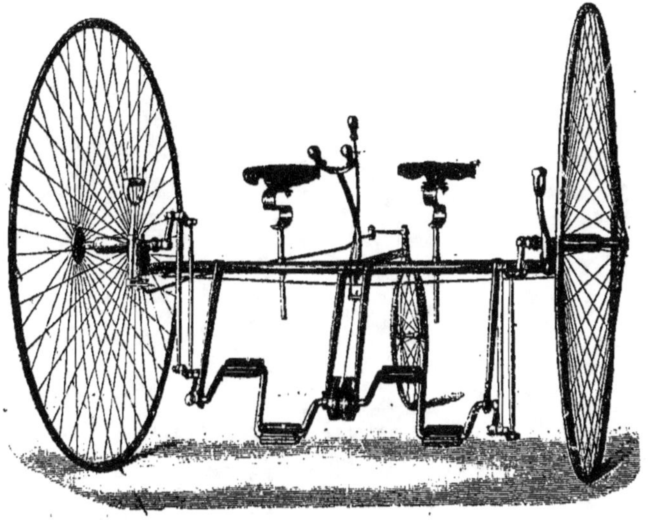

Sociable à parallélogrammes.

Le même, converti.

riches malades escortés de leur domestique. Le sociable, la galanterie du vélocipède, ne fait plus recette ; peu à peu les tandems, ces machines « où l'on est l'un derrière l'autre », comme dit un catalogue de l'époque, prennent sur les routes, étroits et élégants, la succession de la colossale méca-

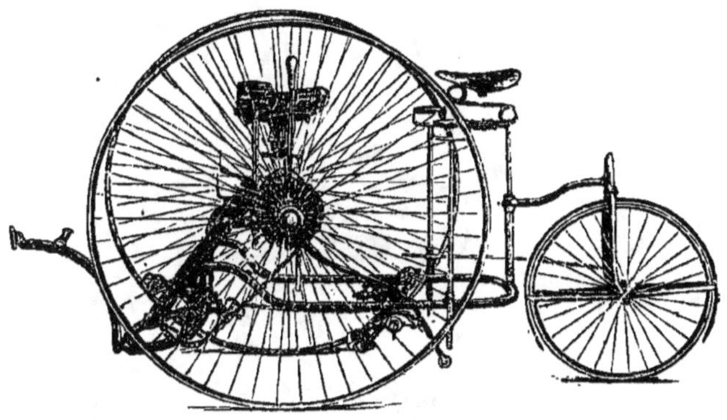

LES MACHINES DE 1885. — Le tandem Salvo.

nique dont la largeur frôlait à la fois les deux trottoirs d'une rue.

Les bizarreries et les conceptions hasardeuses avaient, de 1881 à 1885, jeté de mois en mois leur note rieuse dans la monotonie de l'histoire. Une maison Guérin, à Bourg (Ain), ajoutait à ses prospectus : « Tous nos tricycles sont munis, sur commande, d'une élégante tendue en toile imperméable ou diverses autres étoffes », fantaisie ridicule en apparence seulement, puisqu'un des maîtres du tourisme pratique, M. de Baroncelli, recommandait aux bicyclistes « le voile vert garantissant la figure, et l'ombrelle de 370 grammes qu'on tient d'une main, l'autre guidant ». — Un

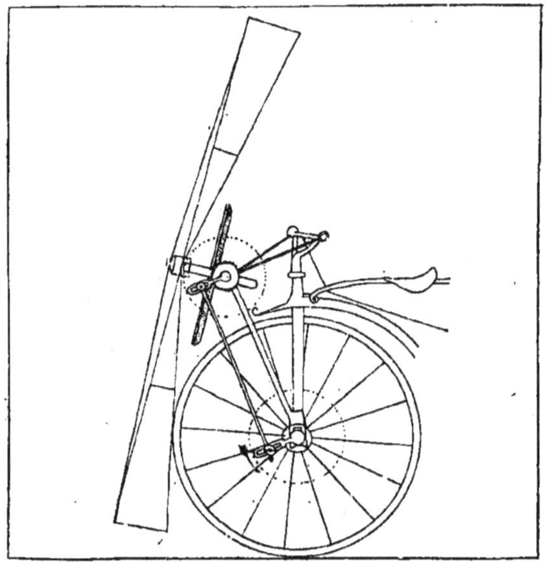

Le vélocipède-moulin à vent.

Anglais proposait en 1885 l'application, sur le devant de la machine, d'un miroir « qui permettrait de voir derrière soi sans se retourner ». — Puis une « lanterne s'allumant par la culasse » essaya du succès : derrière la lampe, un petit étui renfermait onze allumettes. Un bouton pressé enflammait chacune d'elles l'une après l'autre et la poussait directement sur la mèche. — Une

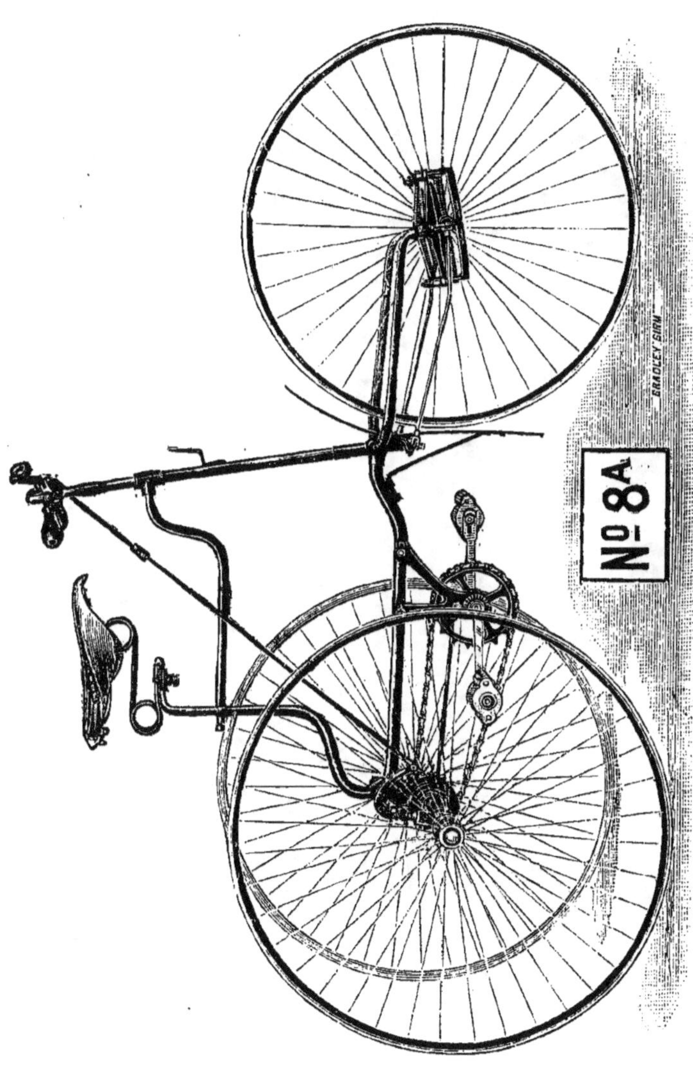
Nº 8A
Le tricycle Quadrant.

reconstitution d'une aberration de 1869, le vélocipède-moulin à vent, des vélocipèdes et tandems

LES MACHINES DE 1885 (*suite*).

Le tricycle Renard.

marins, le vélocipède plongeur et le vélocipède
aérien enlevèrent aux rêveurs de l'avenir la possi-
bilité de construire de plus impraticables projets;
— et qui sait pourtant si demain de légères palettes

mues par un engrenage vélocipédique n'ouvriront pas aux hommes les contrées inconnues de l'air?

Le mercredi 25 juillet 1883, un ingénieur anglais, M. Terry, quittait Londres sur un tricycle de son invention, arrivait à Douvres où il se reposait

Les tricycles en 1885. — Le tricycle d'invalide.

trois jours, et, transformant son véloce en bateau de toile imperméable, lesté par deux sacs à air de 20 litres chacun, prenait la mer, à 9 heures du matin. Trois heures après son départ, les vagues se révoltaient; le pauvre flotteur était rencontré par un bateau de pêche de Boulogne qui lui offrait un biscuit pour le réconforter (*sic*), et n'échouait que le dimanche matin à 9 heures à Andreselles, petit village situé près le cap Gris-Nez, dont les

Tricycle porteur (modèle anglais).

Tricycle porteur (modèle français).

douaniers, croyant avoir affaire à un contrebandier nouveau modèle, l'emmenèrent à Boulogne pour qu'il s'expliquât. Retransformant son bateau en tricycle, Terry gagna Paris en cinq jours, satisfait

Véloces marins.

d'avoir fourni une curieuse anecdote et désireux de s'en tenir à elle. — L'année suivante, un ancien marin demandait la décoration pour un *canot-vélocipède à hélice* où le vélocipédiste « comme au lit » promenait sur les lacs « quatre personnes sur deux bancs ».

En octobre 1885, le *Veloceman* racontait : « On a exécuté, dans les ateliers de la carrosserie de la

Compagnie des chemins de fer du Lancashire et
du Yorkshire en Angleterre, un tricycle à quatre

Le tricycle plongeur (d'après *La Nature*).

Le vélocipède aérien (d'après *La Nature*).

places de front, à ressort, construit comme un
tricycle ordinaire, mais qui s'adapte aux rails de
la voie ferrée, et mû par quatre personnes à l'aide

de deux grandes roues motrices. » — Cette fois,
la nouvelle donna à penser. La machine construite
en Angleterre était munie d'un frein, de poignées

Le tricycle aquatique de M. Terry.

pour l'enlever des rails, de boîtes à outils; elle
était destinée à l'inspection de la ligne de Preston
à Wyre. On parlait en France beaucoup déjà

Canot-vélocipède à hélice.

d'appliquer le véloce à l'armée; le vélocipède
militaire se bornerait-il, au temps de guerre, à
courir sur les lignes de chemins de fer en inspecteur de la voie? Ou l'expérience étendrait-elle son
rôle sur terre, pratiquement, au service des dépêches et à l'honneur périlleux d'éclaireur?...

LA VÉLOCIPÉDIE MILITAIRE

Le mot de vélocipédie militaire est assez grand
pour que, lorsqu'on le lâche, il s'étende immédiatement en un chapitre. Aussi bien est-il le mot de
passe qui a ouvert au véloce toutes les classes du
public. Il convient donc ici, avant la période de
l'apothéose finale de la vélocipédie, de résumer
les faits qui ont convaincu l'administration de la
guerre et lui ont fait donner sa signature d'encre
rouge, le brevet d'utilité qui a converti les héré-
tiques.

L'Italie fut la première curieuse qui, dès 1875,
voulut éprouver la vélocipédie par une expérience, la disséquer par des épreuves successives,
afin de voir ce qu'elle avait de pratique dans le
ventre. On établit une communication de bicycles entre les états-majors supérieurs et les com-
mandants de troupes. La vitesse des transmissions
monta jusqu'à la moyenne de 19 kilomètres à
l'heure. Cependant le petit nombre d'hommes
possesseurs de machines à cette époque empêcha

l'innovation de se généraliser, et quelques officiers seulement disposèrent, les années suivantes, d'estafettes vélocipédiques.

L'Autriche reprit et agrandit l'idée en 1884. Le 7 juillet, sur l'ordre du ministre de la guerre de l'empire, la division des élèves de l'Académie militaire de Viener-Neustadt entreprit sous le commandement du capitaine Shadek un long trajet à bicycles. Les machines pesaient 20 kilos et chaque élève y emportait son bagage et quelques accessoires. L'excursion dura cinq jours par Semmering, Mürzzuschlag, Krieglach, Kindberg, Brück, Baten, Monischshausen, Aspang et Pitten. 300 kilomètres avaient été parcourus, dont 110 le premier jour en sept heures.

Les journaux rapportèrent le fait. Le 30 juillet 1884, la *Vedette* disait : « 300 kilomètres en cinq jours offrent un véritable intérêt d'expérience. » — En décembre, le *Sport vélocipédique* de Paris commentait, sous la signature du fils du général Munier, cette promenade militaire révélatrice, et allumait la presse. Deux groupements, les partisans et les ennemis, se plaçaient aussitôt à chaque bout de la question. Le fanatique M. Pagis avait fait du triomphe de l'idée une affaire d'amour-propre pour l'*Union* : chaque matin il se rendait au ministère de la guerre, visitait les chefs de bureau empâtés dans leur routine, voyait le ministre, le général Boulanger, enfin plantait les jalons, les perches du futur feu d'artifice.

Les demandes d'essai affluaient rue de Bellechasse : le 22 avril 1886, un vélocipédiste de Pau, M. Daniel, — le même qui précédemment avait franchi la distance Pau-Calais (1100 kil.) en cinq jours et dix heures, puis celle de Paris-Vienne (1300 kil.) en sept jours et quatre heures, —offrit au ministère de mettre à sa disposition pour les manœuvres du 18e corps cinq ou six vélocipédistes exercés. L'administration lui répondit de vouloir bien ne pas se donner cette peine.

Alors on essaya de produire la persuasion sur les bureaucrates par les performances. Le *Vélo-Club grenoblois*, influencé par l'un de ses membres, M. Terrier, se fit commandant de corps d'armée et envoya ses ordres : le 15 août, M. Brionnet portait une dépêche supposée de Grenoble au Bourg-d'Oisans (752 mètres d'altitude) sur bicycle, en un temps extrêmement court. M. Dumolard, partant de Grenoble, allait en bicyclette préparer très rapidement à Tencin et à Goncelin le ravitaillement d'une troupe en marche. M. Terrier, sur un tricycle, courait détruire, en projet, le viaduc du chemin de fer de Moirans. — Le ministère de la guerre envoya ses félicitations au club intelligent qui avait organisé ces originales expériences, mais s'abstint d'en tenter de semblables.

De pressantes insistances obtinrent enfin ce résultat, que l'*Union vélocipédique de France* fournirait huit vélocipédistes d'essai aux manœuvres du 18ᵉ corps de 1886. MM. P. Rousset, de Bordeaux; Médinger, de Paris; Payet, de Lyon; Astuguevieille, d'Auch; Giraud, de Paris; Briol, de Bordeaux; Juarez, de Pau; Osmen de Lafitole, de Vic-de-Bigorre, montrèrent tant de bonne volonté et d'intelligence à exécuter leur service de dépêches, qu'à l'issue des manœuvres le général Cornat, un de nos plus brillants officiers, leur dit : «Messieurs, voici mon opinion : Je vous préfère à la télégraphie optique jusqu'à 12 kilomètres et à la cavalerie en tout temps. »

Les expériences furent continuées en 1887 aux manœuvres du 9ᵉ et du 17ᵉ corps. Celles du 9ᵉ, restées célèbres, ont décidé de la fortune de la vélocipédie militaire.

La direction du service vélocipédique avait été confiée par le ministère de la guerre à un érudit veloceman, M. Martin, président du glorieux *Véloce-Club d'Angers*, et sous-lieutenant au 71ᵉ territorial. Neuf bicyclettes, dix bicycles et six tricycles, vingt-cinq machines étaient placées sous ses ordres, qui furent uniquement employées à la transmission des dépêches entre les états-majors et les différents services. On les avait réparties par groupes. Au quartier général et dans chaque division, un chef de groupe était chargé de la direction de son groupe. Dans les cantonnements, il devait veiller à ce que les ordres, aussitôt remis, fussent transmis par les hommes sous ses ordres ; il commandait en outre à un planton qui se tenait à la disposition de chaque état-major.

Les routes et les chemins parcourus étaient mauvais ; le passage de l'artillerie avait levé les cailloux et défoncé le sol sablonneux du pays. On put constater néanmoins que, sur une distance de 40 kilomètres, un vélocipédiste arrivait au cantonnement une heure et demie, quelquefois deux, avant l'estafette à cheval, sans fatigue telle qu'il ne pût recommencer la course aussitôt. Les vitesses avaient varié entre 16 et 28 kilomètres à l'heure ; mais on pouvait compter sur une moyenne de 15 kilomètres à soutenir toute une journée.

La même année 1887 vit une curieuse expérience de vélocipédie sur rails. On songea à utiliser pour les estafettes les nombreuses voies ferrées qui s'entre-croisent en temps de guerre dans la zone des opérations militaires. Le génie commanda au français M. Vincent un appareil léger et rapide pour ces excursions sur fer. Le 28 décembre, en présence de nombreux ingénieurs de chemins de fer et du capitaine Houdaille, repré-

État nominatif des vélocipédistes ayant pris part aux manœuvres du 9ᵉ corps d'armée en 1887.

NOMS DES VÉLOCIPÉDISTES.	AUTORITÉS PRÈS DESQUELLES ILS ÉTAIENT AFFECTÉS.	MACHINES.
MARTIN (René), *chef de section.*	Général commandant en chef.	Bicyclette.
BOUCHARDEAU, *chef de groupe.*	—	Tricycle.
GIRAULT (Louis).	—	—
COUILLION.	—	Bicycle.
GUÉRIN.	—	Bicyclette.
WASINER jeune.	—	—
GIRAUD (Étienne).	—	—
BOTTET.	Général directeur des manœuvres.	—
VALLOT.	—	Sphinx.
TANNEUR.	—	Tricycle.
GUÉRAULT.	—	Bicycle.
MÉTAYER, *chef de groupe.*	Général commandant la 17ᵉ division.	Tricycle.
TROUVÉ.	—	—
LEMOINE.	—	Bicyclette.
DE LA ROCHEBROCHARD.	—	—
SIOU.	Général commandant la 33ᵉ brigade.	Bicycle.
ROLLAND.	—	—
DESNOUS.	Général commandant la 34ᵉ brigade.	—
MOREL, *chef de groupe.*	Général commandant la 18ᵉ division.	—
SARRAZIN.	—	—
DE PICNEROLLES.	—	—
DE LA BOISSIÈRE.	—	Bicyclette.
DUCHESNE.	Général commandant la 35ᵉ brigade.	Bicycle.
DENÉCHEAU.	Général commandant la 36ᵉ brigade.	—
BEAUCLAIR.	Général commandant l'artillerie.	Tricycle.

sentant le génie, eurent lieu les premières expériences sur la ligne de l'Est, près du dépôt des machines de la Villette. C'était un quadricycle de roues égales de 75 centimètres; l'axe d'arrière, moteur, était muni d'un mouvement différentiel. On obtint une vitesse de 3o kilomètres à l'heure avec un effort de 3 kilos seulement par tonne de poids transportée. Malheureusement, l'appareil

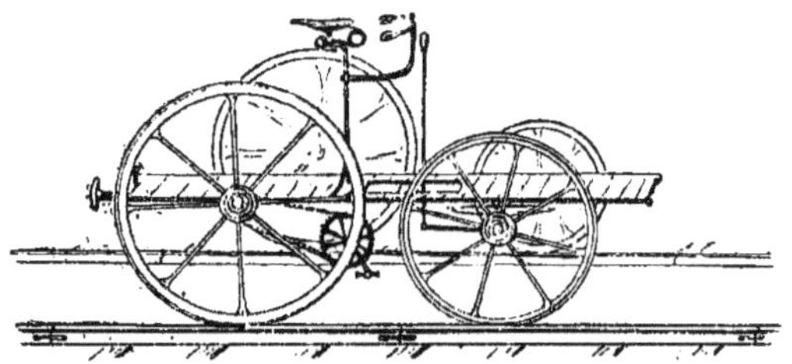

Le quadricycle sur rails de M. Vincent.

pesait go kilos. Son poids excessif le rendait peu maniable à un homme seul dans le cas où il fallait céder la place sur les rails à un train en vue; et la commande militaire n'arrive pas.

Les manœuvres du 3o et du 16e corps en 1888 confirmèrent le passé. Quelques mois auparavant, le 8 avril, des expériences comparées, entre vélocipédistes, chiens de guerre et cavaliers, avaient été fort savamment menées par un groupe d'officiers. La route de Tours à Montlouis, sur une étendue de 6 kilomètres, avait été choisie. En raison de la courte distance les cavaliers devaient la parcourir pour un tiers au pas et pour deux tiers au trot. La section vélocipédique était représentée par M. G. Victor, en bicyclette, qui accomplit le trajet en 13' 40''; par MM. Bezar et Legrand, en bicycle, 14' 20'' et par M. Girault, en tricycle, 15' 10''; la section canine, par Leurs Seigneuries *Brisefer* et *Turco*, appartenant au lieutenant Jupin, 13' 55''. Les chevaux étaient arrivés en 24'.

Le 20 mai 1889, le ministre de la guerre consacrait officiellement l'usage du vélocipède dans l'armée pour le transport des dépêches.

Chaque régiment d'infanterie de l'armée active comprendra désormais quatre vélocipédistes. — « Les chefs de corps choisiront eux-mêmes ces vélocipédistes parmi les hommes de tous grades de la réserve et de l'armée territoriale qui se présenteront volontairement et réuniront les meilleures garanties pour remplir ce service. — Les vélocipédistes fourniront eux-mêmes leur monture et l'entretiendront en bon état. En sus de la solde de leur grade, ils auront droit à une allocation de cinquante centimes par jour, à titre de prime d'entretien. — Le service des vélocipédistes en campagne ou dans les grandes manœuvres sera réglé par les généraux commandant les corps d'armée.

Ces officiers généraux régleront également dans tous leurs détails l'habillement, l'équipement et l'armement des vélocipédistes. »

Cette ordonnance surexcita les passions contraires des enthousiastes et des détracteurs de la vélocipédie militaire. Aux éloges du général Cornat, à la célèbre conférence faite à Bordeaux en 1888 par le colonel Denis, à celle du lieutenant de Castelnau à Bayonne, aux appréciations flatteuses du distingué colonel anglais A. R. Saville, succéda une tempête de dénigrements. La plus forte bourrasque peut-être souffla entre les colonnes du journal *le Véloce-Sport*, où la vélocipédie militaire s'était réfugiée sous la défense de ses zélés écrivains. Un M. J. Fery écrivit le 8 décembre 1890 au rédacteur Cripper une lettre de bon sens qui exprimait tous les arguments communément employés à la démolition du véloce dans l'armée : « Pour avoir une idée exacte des services que l'armée pourrait retirer en *tout temps* de la vélocipédie, dit-il, il faudrait faire des essais en hiver, et je suis bien certain et prêt à le prouver au besoin, que le meilleur vélocipédiste, dans la plupart des cas, sera bien inférieur au plus mauvais cheval, voire même à un mulet ou un âne pour le service de correspondance. » — « Voyez-vous d'ici ces malheureux vélocipédistes militaires en route, en temps de guerre, par une pluie battante, une tempête de neige, sur une route empierrée et à peine praticable pour les hommes et les chevaux? »

Un des plus distingués rédacteurs du *Véloce-Sport*, M. Maurice Martin, se chargea de répondre. De son article du 11 décembre 1890, je détache les passages les mieux argumentés : « A mon avis, M. J. Fery part d'un principe faux qui consiste à nier la vélocipédie militaire plutôt à cause des services qu'elle ne peut pas rendre qu'à cause des résultats qu'elle peut donner : parce qu'on ne peut pas l'utiliser complètement en tous temps et en tous lieux, c'est-à-dire parce que le vélocipédiste militaire ne peut pas traverser les champs labourés (argument bizarre, répété à satiété), parce que les routes ne sont pas toujours bonnes, parce que l'hiver est une saison défavorable. Or là n'est aucunement la question. La question est simplement de savoir si, dans la mesure de ses moyens, la vélocipédie militaire peut rendre des services.

« Prenons la colombophilie militaire. Elle n'est évidemment applicable qu'entre des localités possédant des colombiers et des pigeons. Est-ce une raison pour ne pas utiliser et tâcher de perfectionner la colombophilie militaire dans les limites déjà acquises?

« ... Je terminerai donc en résumant mon opinion personnelle en quelques mots ; c'est aussi celle de la plupart des vélocipédistes qui ont étudié la question. Je crois à la vélocipédie militaire :

1º parce que les expériences ont été faites dans des conditions très défectueuses la plupart du temps et que, malgré cela, elles ont été probantes; 2º que les expériences faites en pays étrangers n'ont pas été moins favorables, surtout en Angleterre, en Allemagne et en Hollande; 3º parce que, de tous les pays du monde, la France est celui qui est incontestablement le mieux approprié à ce nouveau facteur de la tactique moderne, comme ayant les routes les plus nombreuses et les meilleures.

« Mais je crois à l'impérieuse nécessité de modifier le mode de recrutement et d'emploi de la vélocipédie militaire. Le recrutement, en faisant une meilleure sélection des sujets appelés à ce service; en considérant le corps des vélocipédistes militaires comme un corps d'élite devant posséder de bonnes connaissances topographiques, ainsi que l'a si judicieusement recommandé M. Hennequin dans ses érudites conférences de Paris. L'emploi, en ne considérant pas les vélocipédistes militaires comme un corps *combattant*, point sur lequel les Anglais me paraissent avoir été trop loin, mais comme un excellent moyen de *correspondance* et de reconnaissance. »

Le président de l'*Union*, M. Thomas lui-même, voulut se rendre compte des difficultés qu'on peut rencontrer en vélocipède par un temps de neige. Il partit d'Agen au mois de décembre sur un tricycle et se rendit à Lévignac, distant de 12 kilomètres environ, en 55 minutes. La couche de neige avait une épaisseur de 10 centimètres. A 2 heures de l'après-midi, M. Thomas repartit de Sévignac pour Agen; la neige n'avait pas cessé de tomber depuis le matin et avait atteint une épaisseur de 20 à 3o centimètres. Le voyageur, gêné par un vent violent, ne pouvait plus se guider que par la ligne des arbres bordant la route. Les pédales de son tricycle s'enfonçaient dans la neige à chaque tour de roue. Néanmoins il accomplit le trajet en 1 h. 20, prouvant ainsi qu'en temps de neige, même en tricycle, on peut mieux circuler qu'à pied et surtout qu'à cheval.

La vélocipédie militaire en est restée là en France : elle a une tolérance, mais non une organisation.

Tous les États de l'Europe possèdent des sections vélocipédiques. L'Angleterre, en avril 1888, créa un corps spécial, le 23° *Middlesex Cyclist*, sous le commandement du colonel Hewitt; en 1890 même, des compagnies de débarquement, destinées à agir en éclaireurs, ont été pourvues de vélocipèdes, à la grande satisfaction de l'amirauté. Le Danemark compte 1100 vélocipédistes militaires : il a une école d'instruction sous la dépendance du Génie. En Hollande, les cyclistes de l'armée sont traités en officiers : ils touchent par jour quatre florins (8 fr. 40), et ont droit à un brosseur; leurs bagages sont transportés par les soins de l'intendance et, pendant les manœuvres, leurs frais de déplacement sont supportés par l'État. En Allemagne, organisés par corps officiels, les vélocipédistes établissent les communications entre les places fortes et les forts avoisinants; leur utilité a été constatée surtout par des essais répétés aux alentours de Strasbourg et de Francfort. L'Espagne a créé une section de vélocipédistes dans le bataillon des chemins de fer; cette section appartient à l'arme du génie et comprend : un capitaine, un lieutenant, un sergent, deux caporaux et douze soldats choisis. En Italie, les corps de vélocipédistes militaires se rendent tous les matins à la piste, où ils sont surveillés par des officiers.

Chez nous, la vélocipédie militaire se résume en une phrase : pendant les manœuvres, des hommes en vélocipède, de bonne volonté, pas toujours de talent, s'efforcent de rendre des services à tel ou tel corps de troupes. Et c'est tout. Chez nous la valeur individuelle devra suppléer à l'organisation; et si jamais une guerre enlève les velocemen à leurs excursions sous les bois frais et sous le soleil clair, plus d'un devra à son initiative seule de rapporter la croix d'honneur nouée autour de son guidon...

CHAPITRE V

LE SUCCÈS UNIVERSEL DE LA VÉLOCIPÉDIE

(1886-1891)

Le cyclisme français devenu possession anglaise. — La
« Reine-bicyclette ». — Sa beauté. — Sa tyrannie. — La
nouvelle construction française.

On n'écrit équitablement que l'histoire ancienne. On n'est juge impartial ni de son époque
ni de soi-même. La dernière période de l'histoire
vélocipédique, si grandiose et miraculeuse, je dois
donc la dessécher, la ratatiner en quelques lignes
pour que tous les gosiers l'avalent. Ni caresses,
ni blessures : la plume de l'historien ne doit
faire sentir à personne qui vive ses barbes ni sa
pointe.

Les grands jours de la vélocipédie pointent enfin

à l'horizon. Une roue étincelante monte dans le ciel de 1886, le soleil nouveau aux rayons nic-

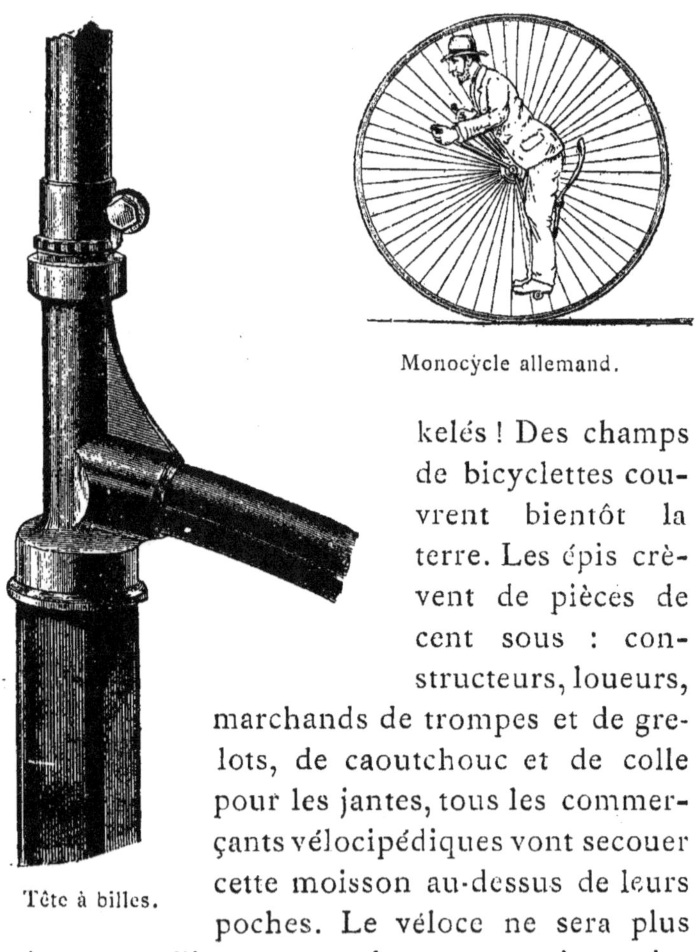

Monocycle allemand.

Tête à billes.

kelés ! Des champs de bicyclettes couvrent bientôt la terre. Les épis crèvent de pièces de cent sous : constructeurs, loueurs, marchands de trompes et de grelots, de caoutchouc et de colle pour les jantes, tous les commerçants vélocipédiques vont secouer cette moisson au-dessus de leurs poches. Le véloce ne sera plus uniquement l'instrument des promenades et des records : il devint machine à faire des fortunes.

Le cheval seul protesta contre le parvenu à deux roues. En février 1886, le journal *l'Accli-*

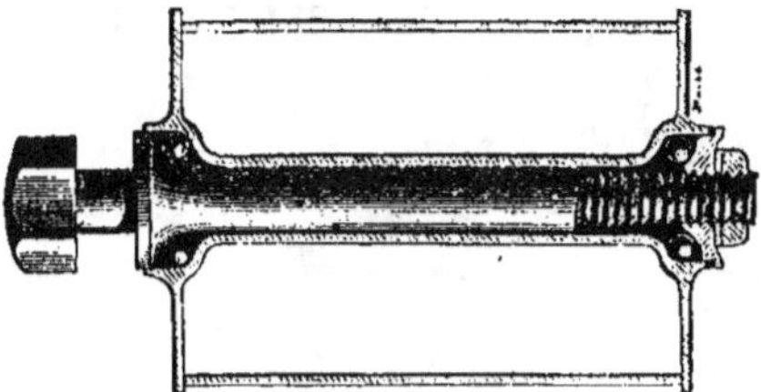

Pédale à billes.

matation disait : « Le vélocipède aura beau faire, emboucher la trompette de la réclame, il ne réus-

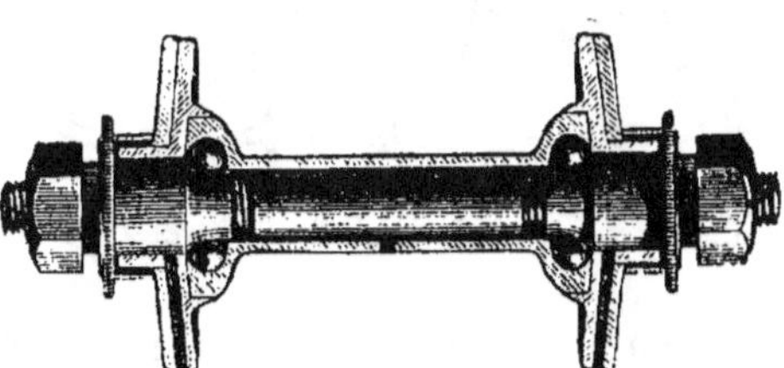

Axe à billes.

sira jamais à se faire admettre des véritables hommes de sport, qui ont le cheval en trop haute estime pour prêter considération à ces mécaniques à roues, montées par un monsieur courbé et dé-hanché comme un repasseur de couteaux. La pré-tention du vélocipède de se substituer au cheval est grotesque et pas autre chose. » — Ce miel, on le sut plus tard, avait été élaboré par un loueur de chevaux voisin, auquel le bicycle avait volé la clientèle. Les repasseurs de couteaux aiguisaient la colère des maquignons. Quelques maîtres de manège avisés troquèrent aussitôt leur location

Le pioner (troisième forme de la bicyclette).

de chevaux en peau, pour le commerce des chevaux en fer, des bêtes qui ne mangent point et font du crottin d'or !

La conquête de la France par l'Angleterre était devenue irrémédiable. D'Angleterre, en 1886, le premier modèle de bicyclette pratique vint faire l'étonnement des Parisiens. Le *Pioner*, ce nouveau bicycle de sûreté, n'avait rien de l'élégance

LES INVENTIONS MODERNES

Le monocycle Langmark (d'après *La Nature*).

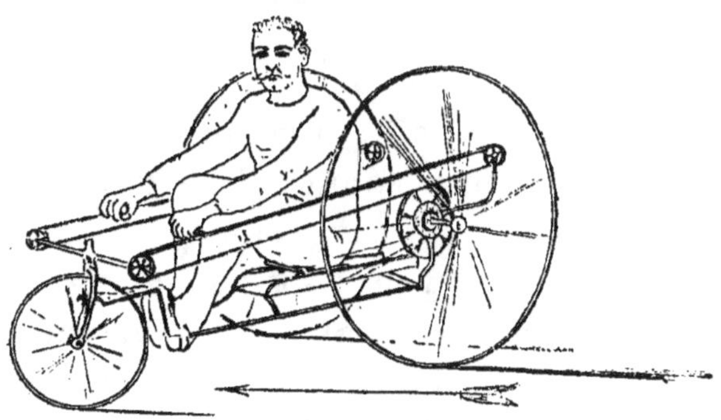

Le Roadsculler.

obligatoire de nos machines contemporaines, mais
si mastoc qu'il fût, il était la BICYCLETTE !

La bicyclette! De Civry, représentant, avenue de la Grande-Armée, la compagnie Rudge, aperçut sous la robe de la fée les trésors qu'elle apportait en France, et flegmatiquement, en enfant adoptif d'Albion, exécuta son audacieux projet : il descendit en plein Paris, dans le cœur le plus cher de la ville, ouvrir le splendide magasin de la

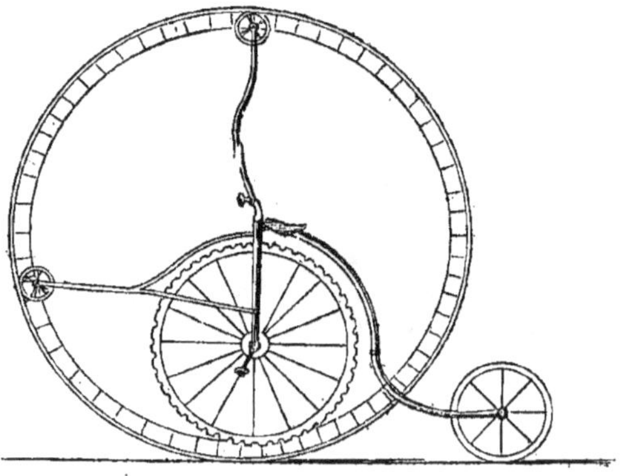

LES INVENTIONS MODERNES. — Le bicycle Burbank.

rue Halévy. Puis, laissant la gérance des affaires à M. Gras, le cycliste connu, il visita les principales villes de France, y établit de sérieuses agences, courut jusqu'en Espagne et revint le portefeuille gonflé de commandes qui vidèrent instantanément son magasin, son entrepôt, épuisèrent le stock de la fabrique de Coventry et donnèrent en France à la compagnie Rudge une renommée bien supérieure encore à celle qu'elle possédait en Angleterre.

Bicyclette à corps droit.

Bicyclette à cadre.

Bicyclette de dame.

Ce splendide coup de bourse eut des imita-

LES MACHINES MODERNES

Le tricycle moderne.

Tandem Royal Crescent.

teurs : MM. Médinger et Duncan ouvrirent bientôt
deux dépôts rue du Quatre-Septembre ; l'un,

16.

seul, pour la Coventry machinist; l'autre, avec M. Winter, pour la Société Humber. Renard

LES MACHINES MODERNES

Bicyclette-tandem.

Bicyclette sociable.

s'installa en face de ce dernier. Singer fit des frais rue Auber. La ruche Opéra allait nourrir toutes ces abeilles.

Puis, après l'Exposition de 1889, quatre grandes

Bicyclette à boules de caoutchouc.

Bicyclette de M. Latta.

Bicyclette américaine

maisons françaises s'élèvent à la hauteur des plus fameuses de l'Angleterre : Clément et Cie, Peugeot frères, Rochet et Cie, et la Société Parisienne. Depuis longtemps elles existaient, mais le brouillard d'apathie qui les enveloppait en empêchait l'éclosion. Leurs intelligents directeurs ont relevé l'industrie de notre pays du lourd tribut étranger, et c'est une joie que de les remercier ici de nous avoir rendu, sinon la supériorité de 1869, du moins l'indépendance de 1875.

Quelquefois, à la devanture de ces modernes bijoutiers, d'extraordinaires composés d'acier avaient fait la réclame. Le *Roadsculler*, tricycle mû par un mouvement de rameur, et la bicyclette, de M. E. Latta, Américain, dirigée par l'assiette du veloceman, avaient amassé les curieux derrière les glaces ; le bicycle de M. Burbank, un bicycle courant à crémaillère dans un monocycle, et le monocycle allemand de M. Leske asseyant pitoyablement son voyageur sur l'extrémité de l'essieu, coupèrent la circulation dans les rues !

Plus souvent les amateurs se pressèrent dans les magasins à l'examen des nouvelles trouvailles anglaises : le tricycle à quatre coussinets au lieu de deux sur l'axe d'arrière ; la savante mais récalcitrante *bicyclette-tandem* ; la *triplette*, un des premiers tandems à quatre roues et à deux voies, monté par trois personnes ; la *bicyclette sociable*, etc.

Mais vite tous ces modèles se sont rangés devant l'impétueuse bicyclette, qui se fit despote aussitôt qu'on ne la dédaigna plus. En 1887, sur cent commandes, quarante bicyclettes ; en 1889, sur cent commandes, quatre-vingt-dix-neuf bicyclettes !

Son corps droit des premiers jours s'est rapidement modifié, inflexible, en un cadre, rigide comme sa tyrannie. Dans un seul cas, pour porter le poids d'une femme, de l'être joli et délicat em-

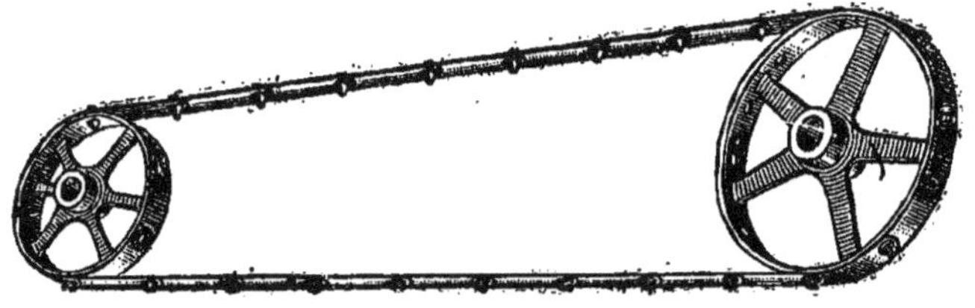

La chaîne Renard.

prisonné dans ses robes, il a fait des concessions : il s'est courbé en une *machine de dame*.

Pour la bicyclette, pour la despote, on a accumulé les inventions. Pour elle en 1886, on a importé la pédale à billes ; pour elle en 1889, la direction à billes s'est rendue indispensable ; pour elle l'année précédente, Renard avait inventé, et perfectionne actuellement sa chaîne de plaques d'acier à la Vaucanson ; pour elle au commencement de 1890, les premiers caoutchoucs pneumatiques[1], suivis bientôt des creux, des clinchers, et

1. Les caoutchoucs pneumatiques ont été inventés par un vétérinaire irlandais, M. Dunlop, qui n'était jamais monté

de quatre cents autres systèmes de suspension brevetés[1], ont essayé d'épargner à sa frêle ossature le

LES MACHINES MODERNES

Quadricycle simple.

Quadricycle à 3 places (la Triplette).

contact douloureux des pavés et des cahots ; pour elle, un prêtre-veloceman vient d'imaginer un

sur une machine, mais dont le fils, vélocipédiste exercé, se plaignait journellement de la trépidation de sa bicyclette.

1. Le nombre des brevets pris pour la suspension de machine s'élève actuellement à 417.

pignon en forme ovoïde qui lui distribuera plus utilement la force donnée par le cavalier ; pour elle, un ingénieux transformateur de vitesse, signé Mercier, va permettre l'ascension d'une côte au train d'une descente, et la descente au train d'un express ! Jean-sans-Terre n'exagérait rien lorsqu'il la saluait de « reine-bicyclette » ! Jean sans

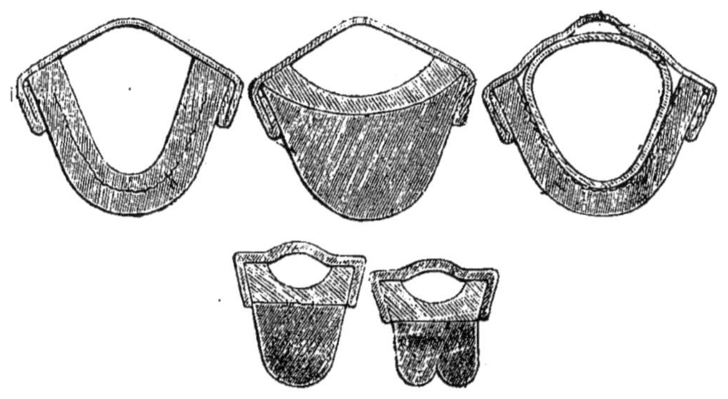

Spécimens de caoutchoucs pneumatiques.

Terre, le vélocipédiste convaincu qui, il y a deux ans, de son poing ganté du formidablement puissant *Petit Journal*, donna au sport encore stationnaire l'impulsion miraculeuse qu'il a acquise ! Pierre Giffard, l'apôtre sans découragement, dédaigneux des clochettes aigres des petites chapelles, qui, le premier en France, dans la grande presse quotidienne, sonna le baptême royal de la bicyclette universelle ! — Reine adorable presque toujours, et de qui les glissades et les chutes charment encore ses esclaves, mais de qui l'on oublie l'égoïsme qui a jeté en exil le divin bicycle et le demi-dieu tricycle !

Les coureurs de nos jours me pardonneront de ne décerner ici pour leurs innombrables têtes qu'une seule couronne collective.

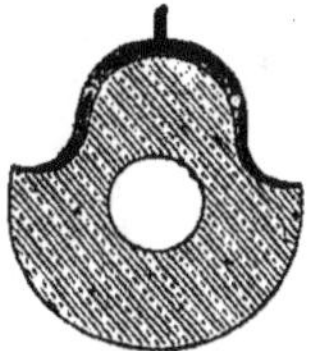

Spécimens de caoutchoucs creux.

De Civry s'est retiré des pistes dès l'entrée de 1888, après avoir attaché à sa selle le scalp de tous ses adversaires, à côté des championnats de 1886 et 1887 ; Terront, d'une infatigable vigueur, après avoir enlevé les championnats de 1888 et 1889, absent pour ravir à Béconnais celui de 1890, entrevoit dans l'avenir, par l'arrivée des petites machines, propices à sa petite taille, plus de feuilles de lauriers encore à piquer sur sa casaque qu'il n'en épingla dans le passé.

Mais la jeune école a trop de héros. Les omissions sont des trous dans la peau de l'historien, et je n'aime pas souffrir. D'ailleurs, je voudrais distribuer à chacun une épithète ; mais Charron, cher à Vénus ; Échalié, l'élégant ; Vasseur, le petit nerveux, me laissent les mains vides.

Que tous les glorieux coureurs non cités ici me permettent donc de dresser un bouquet des adjectifs odoriférants qui orneraient justement leur renommée et qu'ils le jettent aux pieds de notre souveraine commune, la bicyclette, comme les jeunes mariés portent à l'autel de la Vierge les fleurs dont on les a fêtés.

APRÈS-PROPOS

A CHEVAL !

Ce n'est pas à la caisse de son éditeur que l'auteur touche sa meilleure récompense. Certes les billets de banque dont on brise l'échine pour leur donner l'habitation chaude du gousset, ont un bruit délicieux de froissement de feuilles d'or. Mais le plaisir de convertir un lecteur ou une lectrice caresse plus que la satisfaction d'annuler le timbre d'acquit le mieux escorté. Si donc le récit des douleurs et des gloires du sport vélocipédique a pu retourner la conviction de quelque médisant comme un gant fané, voilà mon dessert gagné.

Ma victoire sur les sots préjugés se grossira de la reconnaissance de tous les incrédules que j'aurai décidés à enfourcher la nouveauté d'acier et à croire à ses jouissances.

La vélocipédie est le spectre noir de la vieillesse. L'homme âgé, au genou dur, à la cervelle détrempée par la vie, méprise, un vélocipède ne s'administre pas comme une compagnie d'actionnaires, il n'a pas de siège pour un gâteux.

La vieille femme, enchaînée à la sagesse par ses cheveux blancs, maudit la fête nouvelle où elle ne descendra jamais faire son tour de valse. Elle crie à la jeune qui passe sous ses fenêtres, ferme et fraîche sur son cheval nickelé, qu'un bout de jambe déborde de la robe, une impudeur, et qu'une infirmité aiguë va lui ronger le corps, la perturbation des plus sacrés organes.

Querelles d'envie! Une femme ne montre jamais de son bas, même en bicyclette, que le métrage que sa condition sociale lui permet. Les filles du prince de Galles montent en vélocipède. —D'autre part, la Faculté de médecine a répondu à la question hygiénique que le mouvement vélocipédique n'a aucune identité avec celui de la machine à coudre, que « le massage des intestins qu'il produit, le jeu normal qu'il donne à tous les muscles et particulièrement à ceux des poumons », le révèlent stimulant très recommandable, à petites doses, aux jeunes filles chlorotiques, ces engourdies, et aux anémiques, ces privées d'air pur. — La vélocipédie parfait la femme comme tous les exercices d'une violence douce...

A travers les campagnes, des poètes, des prêtres, des notaires, des gras et des secs, des députés et des bouchers, toutes les corporations cyclistent aujourd'hui, portent sur roues caoutchoutées un sonnet à Margot qui l'attend sous l'orme, le viatique au moribond qui râle à deux lieues, un gigot choisi à la cuisinière du sous-préfet.

Des littérateurs, des plus fins, rythment leurs rêves à la cadence des pédales : Jean Richepin, le seul poète pur sang qui nous reste, cueille en bicyclette le long des chemins ses rimes d'or; Edmond Haraucourt entrera un jour en bicyclette sous la coupole de l'Institut ; Georges d'Esparbès, pilier sculpté du *Gil Blas*, escalade chaque semaine en bicyclette le pays de cocagne des Nouvelles ; Jules Renard, ciseleur ès lettres hors concours, aiguise aux roues de sa bicyclette les burins qui ont gravé *Sourires pincés*...

⁂

— Je voudrais bien monter en bicyclette, répondez-vous, Madame ou Monsieur ; mais l'ennui d'apprendre ! — Voulez-vous une méthode ?

Monter en bicyclette s'apprend entre deux éclats de rire. Un jeu non plus malaisé que de sauter dans un omnibus en marche. C'est seulement trois concordances à trouver : une demi-heure de liberté, une vieille machine et une main amie. Il n'y a homme ni femme qui ne se procure facilement la première et la dernière, la seconde se loue pour trente sous à tous coins de rues.

Par une matinée fraîche, sur une route large, sans cailloux et sans badauds, vous prendrez le minotaure par le gouvernail. L'accompagnateur vous soutiendra en selle et réprimera d'un doigt léger les tendances à se coucher qui viennent à tout vieux cheval de manège dès qu'il se sent un novice sur les reins. Ne craignez rien, on ne tombe jamais, on descend vite quelquefois.

Portez vos regards devant vous loin de la machine : sa rotation ferait tourner votre tête et bouleverserait les germes d'équilibre qui y pointent déjà. Pesez fortement sur les pédales : là est le cœur de votre machine, il faut qu'il batte des *une-deux* vigoureux et envoie des flux de vitesse à tout l'organisme. Enfin, ne prenez pas d'appui sur le gouvernail : ne serrez pas les poignées, effleurez-les ; rendez la main au moindre caprice, ou vous serez net désarçonné.

Mais voici que tout d'un coup vous continuez seul le chemin où vous guidait la main amie ! Vous tenez en équilibre ! D'abord la bicyclette s'amuse de votre inexpérience ; elle vous promène du bord d'un fossé au pied d'un arbre ; la roue d'avant dessine en dix secondes dans le sable tous les théorèmes de la géométrie ; la roue d'arrière donne de furieux coup de queue ; c'est un long poisson d'acier qui nage à la surface de la route. — Mais demain vous la sentirez plus calme ; elle ne vous mènera plus aux hasards des folles idées de sa tête à billes. Après demain, elle obéira. Dans une semaine la bicyclette ne sera plus une individualité distincte de vous ; vous serez elle et elle sera vous. Vous serez devenu tout aussitôt l'homme qui glisse au ras du sol, vite et droit comme une flèche avec les sifflets du vent dans les oreilles, sans plus d'étonnement que vous n'en aviez huit jours avant à vous tenir debout, immobile, sur vos deux semelles...

Alors vous comprendrez ce que les tubes creux d'une bicyclette renferment de plaisir distingué et de régal superfin !

Mieux vaut, pour la joie du monde, écrire sur le cyclisme que sur la morale. Les hommes grignotent dans la vie assez d'amertumes pour que, de temps à autre, on leur enseigne où sont cachés les bons sucres d'orge.

L. Baudry de Saunier

LA

BIBLIOTHÈQUE VÉLOCIPÉDIQUE

———

Baby. — *Le Vade-Mecum du Veloceman.* — Pau, imprimerie Véronèse, 1888.

Baroncelli (A. de). *Annuaire de la Vélocipédie pratique.* Paris, 1883. — *Guide routier du veloceman en France et en Europe* (3ᵉ édition). — *La Vélocipédie pratique* (5ᵉ édition). — *Le Guide vélocipédique de la forêt et des environs de Fontainebleau.* Paris, 1889. — *Guide des environs de Paris*, 1891.

Baudry de Saunier. — *Histoire générale de la vélocipédie* (*illustrée*) (Ollendorff. — Paris, 1891. — 3 fr. 50).

Bellencontre (le Dʳ). — *Hygiène du vélocipède.* Paris, 1869.

Berruyer. — *Manuel du veloceman.* Grenoble, 1869.

Bossut. — *Itinéraire de la Belgique.* Bruxelles, 1890.

Denis. — *La Vélocipédie militaire.* Bordeaux, 1888. (*Le Véloce-Sport.*)

Favre. — *Le Vélocipède, sa structure.* Marseille, 1868.

Forestier de Jougny (E.). — *Velocemen-marche* (pour piano).

Garsonnin. — *Conférence sur la vélocipédie.* Rouen, 1888. (*La Revue du Sport Vélocipédique.*)

Jacques et Benassit. — *Manuel du vélocipède.* Paris, 1869. (*Le Petit Journal.*)

Jacques et Régamey. — *Le Tour du monde en vélocipède.* Paris, 1872.

17.

Jacquot. — *Itinéraire de France, d'Alsace-Lorraine, du Grand-duché de Bade, de Suisse et de Haute-Italie.* Bordeaux. (*Le Véloce-Sport.*)

Jennings (Dr O.). — *La Santé par le tricycle.* Paris, 1888.

Macquorn Rankine. — *Théorie du vélocipède.* 1870. — *Manuel du vélocipédiste.* Paris, 1889.

Marchegay. — *Essai théorique et pratique sur le véhicule bicycle.* Lyon, 1872.

Martin (Maurice). — *Voyage de Bordeaux à Paris par trois vélocipédistes.* Bordeaux, 1890. (*Le Véloce-Sport.*)

Peneaux. — *Tricycle et vélocipède à vapeur.* Paris, 1869.

Plédran. — *L'Art du vélocipède.* Nantes, 1886.

Rémy Samon. — *Théorie vélocipédique et pratique.* Paris, 1872. — *Manière de se servir des vélocipèdes en campagne pour protéger l'infanterie, la cavalerie et l'artillerie.* Paris, 1872.

Renard (le capitaine). – *Traité du vélocipède.* Paris, 1888.

Suberbie et Duncan. — *L'Entraînement.* Paris, 1891.

Tissié (Dr Philippe). — *L'Hygiène du vélocipédiste.* Paris, 1888.

Vidal. — *Lou Veloucipède.* Aix, 1885.

⸻⸻⸻

JOURNAUX DISPARUS

Le Veloceman, Montpellier, 1885. (A fusionné avec le Véloce-Sport.)

La Vélocipédie française. Rennes. Mai 1888.

Le Monde sportif (ancienne « France-Sportive »). Paris, 1888. (A fusionné avec la Revue des Sports.)

Chronique vélocipédique dauphinoise. Grenoble, 1888.

Le Vélo. Le Mans. Janvier 1885.

L'Écho vélocipédique. Bordeaux. Octobre 1886.

Le Vélocipède. Paris, 1874.

Le Vélocipède. Grenoble. Janvier à juin, 1869.

Le Vélocipède, Voiron (Isère), 1868. — 1er journal vélocipédique.

Le Vélo-Pyrénéen, Pau, 1884-1886.
Le Véloce. Pau, 1882.

LA PRESSE VÉLOCIPÉDIQUE ACTUELLE

FRANCE

La Revue du sport vélocipédique, illustrée, paraissant tous
les vendredis. Directeur : F. Gébert, 26, rue des Augustins.
Rouen.

Le Véloce-Sport, organe de la vélocipédie française et étrangère. Hebdomadaire. Directeurs : MM. Rousseau, Jegher
et Martin, 3, rue du Château-Trompette. Bordeaux.

La France cycliste, revue sportive et littéraire, bimen-
suelle. Angers.

La Revue sportive et la Gazette vélocipédique, hebdomadaire. Directeur : Paul-Alfred Puy, 29, rue de Strasbourg,
Bordeaux.

Le Vélo-Sport du Midi, bimensuel. Directeur : Buisson.
85, Vieux Chemin de Rome. Marseille.

La Revue des Sports, organe hebdomadaire illustré de tous
les sports. 21, rue Croix-des-Petits-Champs. Paris.

Le Cycliste, revue mensuelle. Directeur : P. de Vivie,
5, rue de Roanne. Saint-Étienne (Loire).

L'Écho des sports, organe de toutes les sociétés de sport.
Directeur : A. Chiron, 108, rue Richelieu, Paris.

Cahors-Véloce, organe de la vélocipédie dans le Quercy.
Jeudi. Directeur : J. Larrive, 16, rue de la Liberté, Cahors.

Le Quadrant, mensuel. Directeurs : Lonclas et Guibert,
10 *bis*, avenue de la Grande-Armée, Paris.

Bulletin officiel de l'Union vélocipédique de France, bimensuel. 36, rue du Louvre, Paris.

L'Industrie vélocipédique, revue mensuelle illustrée, 33,
rue J.-J. Rousseau, Paris.

Touring Club de France, revue mensuelle illustrée. Directeur : Viollette, 8, rue Ancelle, Neuilly-sur-Seine.

Le Vélocipède illustré, paraissant tous les jeudis. Fondateur : Le Grand Jacques (Richard Lesclide). Directeur : de Champeaux, 19, place du Marché-Saint-Honoré, Paris.

Le Monde cycliste, organe de la vélocipédie internationale. Mardi. Directeur : A. Dorne, 22, rue Mathieu-de-la-Drôme, Romans.

Le Cyclophile de l'Isère, mensuel. Directeur : G. Faure, Grenoble.

ÉTRANGER

Allemagne. — *Der Radfahrer*. Berlin. Bimensuel.
- — *Radfahr-Humor*. Munich. Bimensuel.
- — *Velocipedist*. Munich. Bimensuel.
- — *Der Stahlrad*. Berlin. Hebdomadaire.

Angleterre. — *The Cyclist*. London et Coventry. Hebdomadaire.
- — *Wheeling*. London et Coventry. Hebdomadaire.
- — *The Bicycling News*. London et Coventry. Hebdomadaire.
- — *The Cycle Record*. Coventry. Hebdomadaire.
- — *The Monthly Gazette*. London. Mensuel.
- — *The Sewing Machine and Cycle News*. London. Mensuel.
- — *The Outing*. London et New-York. Mensuel.

Autriche-Hongrie. — *Velocipedista*. Prague. Bimensuel.
- — *Kerékpár-Sport*. Budapest. Bimensuel.
- — *Cyclista*. Prague. Bimensuel.

Belgique. — *Le Cycliste belge*. Hebdomadaire. Bruxelles.
- — *Revue vélocipédique belge*. Louvain.

Espagne. — *El Velocipedo*. Madrid. Mensuel.

États-Unis. — *The Bicycling World*. Boston. Hebdomadaire.
- — *The Wheel*. New-York. Hebdomadaire.

Hollande. — *De Kampioen*. Utrecht. Mensuel.
- — *Het Sportblad*. S'Gravenhage (la Haye). Bi-hebdomadaire.

Italie. — *Rivista velocipedistica*. Turin. Mensuel.

Suisse. — *Journal vélocipédique suisse* Genève. Mensuel.

LISTE

DES

SOCIÉTÉS VÉLOCIPÉDIQUES

FRANÇAISES

Agen (Lot-et-Garonne). — Le Véloce-Club Agenais.
Aix-les-Bains (Savoie). — Le Vélo-Club Aixois.
Alais (Gard). — Le Vélo-Club Alaisien.
Albert (Somme). — La Société Vélocipédique d'Albert.
Albertville (Savoie). — Le Vélo-Club d'Albertville.
Alençon (Orne). — Le Véloce-Club Alençonnais. — L'Union
Vélocipédique Alençonnaise.
Alger (Algérie). — Le Véloce-Club d'Alger.
Amiens (Somme). — Le Véloce-Club Amiénois.
Angers (Maine-et-Loire). — Le Véloce-Club d'Angers.
Angoulême (Charente). — Le Sport Vélocipédique.
Annecy (Haute-Savoie). — Le Vélo-Club d'Annecy.
Annonay (Ardèche). — Le Vélo-Club Annonéen.
Arles (Bouches-du-Rhône). — Le Vélo-Club Arlésien.
Armentières (Nord). — Le Vélo-Sport Armentiérois.
Arpajon (Seine-et-Oise). — Le Vélo Arpajonnais.
Arras (Pas-de-Calais). — L'Atrebate Bicycle-Club. — Le
Sport Vélocipédique d'Arras.
Aubenas (Ardèche). — La Société Vélocipédique Albenas-
sienne.

Auch (Gers). — Le Sport Vélocipédique du Gers. — Le Vélo-Sport Auscitain.

Aurillac (Cantal). — Le Vélo-Montagnard.

Autun (Saône-et-Loire). — Le Vélo-Club Autunois.

Auxerre (Yonne). — Le Vélo-Club Auxerrois.

Avenières (les) (Isère). — Le Vélo-Club du Sud-Est.

Avignon (Vaucluse). — L'Avignon-Vélo.

Ay-Champagne (Marne). — Le Véloce-Club Agéien.

Barbézieux (Charente). — Le cercle Barbezilien de vélocipédie.

Bar-le-Duc (Meuse). — Le Véloce-Club Barisien. — Le Rapid-Club Barisien.

Bar-sur-Aube (Aube). — Le Véloce-Club Bar-sur-Aubais.

Bayeux (Calvados). — Le Vélo-Club Bayeusain.

Bayonne (Basses-Pyrénées). — Le Véloce-Club Bayonne-Biarritz.

Beauvais (Oise). — Le Véloce-Club Beauvaisien.

Belfort (Territoire Français). — Les Vélocipédistes Belfortains.

Bergerac (Dordogne).— Le Sport Vélocipédique de Bergerac.

Bernay (Eure). — Le Véloce-Club Bernayen. — La Société Vélocipédique Bernayenne.

Besançon (Doubs). — Le Véloce-Sport Bizontin.

Béthune (Pas-de-Calais). — Le Club Vélocipédique Béthunois.

Béziers (Hérault). — Le Club Vélocipédique Bitterrois.

Bléré (Indre-et-Loire). — Le Véloce-Club de Bléré.

Bordeaux (Gironde). — Le Véloce-Club Bordelais. — Le Vélo-Sport Girondin. — Le Young-Cyclist-Club.

Bourges (Cher). — L'Union Vélocipédique du Berry.

Brest (Finistère). — Le Véloce-Club Brestois.

Brie-Comte-Robert (Seine-et-Marne). — Le Véloce-Club Briard.

Brive (Corrèze). — Le Véloce-Club Briviste.

Caen (Calvados). — Le Vélo-Sport Caennais.

Cahors (Lot). — Le Véloce-Club Cadurcien. — Le Véloce-Sport Cadurcien.

Calais (Pas-de-Calais). — Le Véloce-Club de Calais.

Cambrai (Nord). — Le Véloce-Touriste Cambrésien. — L'Union Vélocipédique de Cambrai.

Carcassonne (Aude). — La Société Vélocipédique Carcassonnaise.

Carpentras (Vaucluse). — Le Vélophile Carpentrassien.

Castillonès (Lot-et-Garonne). — Le Sport Vélocipédique de Castillonès.

Castres (Tarn). — Le Véloce-Club Castrais.

Caussade (Lot-et-Garonne). — Le Véloce-Club Caussadais.

Cette (Hérault). Le Véloce-Club Cettois.

Chalon-sur-Saône (Saône-et-Loire). — Le Véloce-Club Chalonnais.

Châlons-sur-Marne (Marne). — Le Véloce-Club Châlonnais.

Chambéry (Savoie). — Le Vélo-Club de Chambéry.

Charleville (Ardennes). — Le Club des Cyclistes Ardennais.

Charmes (Vosges). — Le Véloce-Club de Charmes.

Chartres (Eure-et-Loir). — Le Véloce-Club d'Eure-et-Loir.

Château-Gontier (Mayenne). — Le Véloce-Club de Château-Gontier.

Châteauroux (Indre). — Le Véloce-Club de Châteauroux.

Château-Thierry (Aisne). — L'Union Vélocipédique de Château-Thierry.

Châtellerault (Vienne). — Le Cyclist-Club Châtelleraudais.

Châtillon-sur-Chalaronne (Ain). — L'Union Vélocipédique des Dombes.

Châtillon-sur-Seine (Côte-d'Or). — Le Véloce-Club Châtillonnais.

Chaumont (Haute-Marne). — Le Véloce-Club Chaumontais.

Cholet (Maine-et-Loire). — Le Véloce-Club Choletais.

Ciotat (la) (Bouches-du-Rhône). — Le Vélo-Sport Ciotadin

Clermont (Oise). — Le Vélo-Sport Clermontois.

Clermont-Ferrand (Puy-de-Dôme). — Le Cyclist-Club Clermontois. — Le Véloce-Club Auvergnat.

Clichy (Seine). — L'Union Vélocipédique Clichoise.

Cognac (Charente). — Le Cyclist de Cognac.

Compiègne (Oise). — Le Sport Vélocipédique de Compiègne.

Corbie (Somme). — Le Cyclo-Sport Corbéen.

Cozes (Charente-Inférieure). — Le Club Vélocipédique de Cozes.

Crépy-en-Valois (Oise). — Le Sport Vélocipédique du Valois.

Damazan (Lot-et-Garonne). — Le Véloce-Club de Damazan.

Dax (Landes). — Le Véloce-Club Dacquois.

Dieppe (Seine-Inférieure). — La Société Vélocipédique Dieppoise.

Dijon (Côte-d'Or). — Le Véloce-Club Dijonnais.

Dôle (Jura). — Le Véloce-Club Dôlois.

Doué-la-Fontaine (Maine-et-Loire). — Le Sport Vélocipédique de Doué-la-Fontaine.

Draguignan (Var). — Le Vélo-Club des Maures.

Dunkerque (Nord). — Le Bicyclist-Club Dunkerquois.

Elbeuf (Seine-Inférieure). — Le Véloce-Club Elbeuvien.

Enghien (Seine-et-Oise). — Le Véloce-Club d'Enghien.

Épernay (Marne). — Le Véloce Sparnacien.

Épinal (Vosges). — Le Véloce-Club Spinalien.

Évreux (Eure). — Le Véloce-Club d'Évreux.

Fabrezan (Aude). — L'Union Vélocipédique de Fabrezan.

Fécamp (Seine-Inférieure). — Le Véloce-Club Fécampois.

Figeac (Lot). — Le Véloce-Club de Figeac.

Flers (Orne). — Le Véloce-Club Flérien.

Fougères (Ille-et-Vilaine). — Le Véloce-Club Fougerais.

Fresnay-sur-Sarthe (Sarthe). — La Société Vélocipédique de Fresnay-sur-Sarthe.

Gray (Haute-Saône). — La Pédale Grayloise.

Grenoble (Isère). — Le Sport Vélocipédique Grenoblois. — Le Vélo-Club Dauphinois. — Le Cyclophile de l'Isère. — Les Hardis Velocemen.

Guingamp (Côtes-du-Nord). — Le Véloce-Club Guingampois.

Havre (le) (Seine-Inférieure). — L'Internationale Société Vélocipédique. — Le Véloce-Club Havrais.

Jarnac (Charente). — Le Sport Vélocipédique de Jarnac.

La Fère (Aisne). — La Pédale La Féroise.

La Guerche (Ille-et-Vilaine). — Le Véloce-Club Guerchais.

Langres (Haute-Marne). — Le Vélo-Sport Lingon.

La Rochelle (Charente-Inférieure). — Le Spider-Club Rochelais.

La Roche-sur-Yon (Vendée). — Le Véloce-Club Vendéen.

Laval (Mayenne). — Le Véloce-Club Lavallois.

Lesparre (Gironde). — Le Véloce-Club Médocain.

Lézignan (Aude). — Le Véloce-Club Lézignanais.

Libourne (Aude). — Le Sport Vélocipédique Libournais.

Lille (Nord). — Le Cyclist-Club Lillois. — Le Sport Vélocipédique Lillois. — Le Véloce-Club Lillois.

Limoges (Haute-Vienne). — Le Véloce-Club Limousin. — L'Union Vélocipédique Limousine.

Lisieux (Calvados). — La Société Vélocipédique Lexovienne.

Lons-le-Saunier (Jura). — Le Véloce-Club Jurassien.

Louviers (Eure). — Le Sport Vélocipédique de Louviers.

Lunéville (Meurthe-et-Moselle). — Le Cyclist-Club Lunévillois.

Lyon (Rhône). — Le Bicycle-Club de Lyon. — Le Cyclophile Lyonnais. — L'Union régionale des Cyclistes.

Mans (le) (Sarthe). — La Société Vélocipédique du Mans. — L'Union Vélocipédique de la Sarthe.

Marmande (Lot-et-Garonne). — Le Véloce-Club Marmandais.

Marseillan (Hérault). — Le Véloce-Club Marseillanais.

Marseille (Bouches-du-Rhône). — La Société des Vélocipédistes de Marseille. — Le Vélo-Sport de Marseille. — Le Club des Cyclistes.

Meaux (Seine-et-Marne). — Le Véloce-Club de Meaux.

Miramont (Lot-et-Garonne). — Le Véloce-Club Miramontais.

Monaco. — Le Sport Vélocipédique Monégasque.

Montauban (Tarn-et-Garonne). — Le Cycle-Club Montalbanais. — Le Véloce-Club Montalbanais.

Montbard (Côte-d'Or). — Le Véloce-Club Montbardois.

Mont-de-Marsan (Landes). — Le Véloce-Club Montois.

Montélimar (Drôme). — Le Vélo-Club Montilien.

Montendre (Charente-Inférieure). — Le Véloce-Club de Montendre.

Montpellier (Hérault). — Le Vélo-Club de l'Hérault. — Le

Sport Vélocipédique de l'Hérault. — Le Cercle de la Pédale.

Montreuil-sur-Mer (Pas-de-Calais). — Le Véloce-Club Montreuillois.

Nancy (Meurthe-et-Moselle). — Le Cycliste Lorrain. — Le Véloce-Club Nancéien.

Nantes (Loire-Inférieure). — Le Club des Cyclistes Nantais.

Narbonne (Aude). — Le Cercle de la Pédale. — Le Véloce-Club Narbonnais. — La Société Vélocipédique de Narbonne.

Nemours (Seine-et-Marne). — Le Club Vélocipédique de Nemours.

Nérac (Lot-et-Garonne). — Le Véloce-Club Néracais.

Neufchâtel-en-Bray (Seine-Inférieure). — Le Véloce-Club Neufchâtellois.

Nice (Alpes-Maritimes). — L'International Cyclo-Club. — Le Cercle de la Pédale.

Nîmes (Gard). — Le Véloce-Club du Gard.

Niort (Deux-Sèvres). — Le Véloce-Club Niortais.

Orléans (Loiret). — Le Club Vélocipédique d'Orléans.

Orthez (Basses-Pyrénées). — Le Cyclist-Club Orthézien.

Oullins (Rhône). — Le Vélophile Oullinois.

Pamiers (Ariège). — Le Cyclo-Sport Appaméen.

Paris. — L'Union Vélocipédique de France. — Le Touring-Club de France. — Le Club Excursionniste. — Le Club des Cyclistes de Paris. — Le Club Vélocipédique Trois-Étoiles. — L'École Vélocipédique. — Les Excursionnistes Parisiens. — Le Guidon Vélocipédique Parisien. — La Société d'encouragement pour le développement de la vélocipéie en France. — La Société d'Encouragement du Sport vélocipédique en France. — La Société Vélocipédique du IIIe arrondissement. — La Société Vélocipédique du XVIe arrondissement. — La Société Vélocipédique Métropolitaine. — Le Sport Vélocipédique Parisien. — Le Véloce-Club Touriste. — Le Vélo-Sport Parisien. — Le Vélo-Touriste Parisien. — Le Véloce-Club de Passy.

Pau (Basses-Pyrénées). — Le Véloce-Club Béarnais.

Périgueux (Dordogne). — Le Véloce-Club Périgourdin.

Perpignan (Pyrénées-Orientales). — Le Véloce-Club Roussillonnais.

Pierrefeu (Var). — Le Vélo-Club de Pierrefeu.

Poissy (Seine-et-Oise). — L'Union Vélocipédique de Seine-et-Oise.

Poitiers (Vienne). — Le Véloce-Club de Poitiers.

Pontrieux (Côtes-du-Nord). — Le Pontrieux-Vélo.

Pont-Saint-Esprit (Gard). — Le Cercle du Vélo-Club de Pont-Saint-Esprit.

Provins (Seine-et-Marne). — Le Véloce-Provinois.

Privas (Ardèche). — Le Cyclo-Club Privadois.

Puteaux (Seine). — Le Club Vélocipédique de Puteaux.

Raincy (le) (Seine-et-Oise). — Le Sport Vélocipédique du Raincy.

Reims (Marne). — Le Vélo-Cyclo-Club. — Le Bicycle-Club Rémois. — Le Véloce-Sport Rémois. — Le Véloce-Touriste.

Rennes (Ille-et-Vilaine). — Le Véloce-Club Rennais.

Rochefort-sur-Mer (Charente-Inférieure). — La Société Vélocipédique Rochefortaise.

Romans (Drôme). — Le Véloce-Club Romanais.

Roubaix (Nord). — La Société Vélocipédique Roubaisienne.

Rouen (Seine-Inférieure). — Le Club des Velocemen Touristes. — Le Sport Vélocipédique Rouennais. — Le Véloce-Club Rouennais. — L'Association Vélocipédique Rouennaise. — Le Cycling-Club.

Royan-les-Bains (Charente-Inférieure). — Le Véloce-Club Royanais.

Rueil (Seine-et-Oise). — Le Véloce-Club de Rueil.

Sables-d'Olonne (Vendée). — Le Club Vélocipédique Sablais. — Le Véloce-Club Sablais.

Saint-Brieuc (Côtes-du-Nord). — Le Véloce-Club des Côtes-du-Nord.

Saint-Étienne (Loire). — Le Cyclist-Club Stéphanois. — Le Vélo-Club Forézien.

Saint-Girons (Ariège). — Le Véloce-Club Saint-Gironnais.

Saint-Just-en-Chaussée (Oise). — Le Véloce-Club de Saint-Just-en-Chaussée.

Saint-Maur (Seine). — Le Sport Vélocipédique de Saint-Maur-les-Fossés.

Saint-Nazaire (Loire-Inférieure). — Le Vélo-Sport Nazairien.

Saint-Omer (Pas-de-Calais). — Le Véloce-Club Audomarois. — La Fédération Vélocipédique du Nord (Nord, Pas-de-Calais, Somme, Aisne, Oise).

Saint-Quentin (Aisne). — Le Véloce-Club Saint-Quentinois.

Saintes (Charente-Inférieure). — Le Club des Cyclistes Saintais.

Saujon (Charente-Inférieure). — Le Club Vélocipédique Saujonnais.

Saumur (Maine-et-Loire). — Le Véloce-Club de Saumur.

Sceaux (Seine). — Le Culbut's Club.

Sens (Yonne). — Le Vélo-Sport Sénonais.

Soissons (Aisne). — Le Sport Vélocipédique Soissonnais.

Sotteville (Seine-Inférieure). — Le Véloce-Club Sottevillais.

Tarbes (Hautes-Pyrénées). — Le Véloce-Club Tarbais.

Thiers (Puy-de-Dôme). — Le Vélo-Club Thiernois.

Thillot (le) (Vosges). — Le Véloce-Club Thillotin.

Thouars (Deux-Sèvres). — Le Véloce-Club Thouarsais.

Tonneins (Lot-et-Garonne). — Le Véloce-Club Tonneinquais.

Toulon (Var). — Le Vélo-Club du Var.

Toulouse (Haute-Garonne). — L'Avenir Vélocipédique de Toulouse. — La Tortue. — L'Union Vélocipédique de Toulouse. — Le Véloce-Club Toulousain. — Le Véloce-Sport Toulousain.

Tour-du-Pin (la) (Isère). — Le Véloce-Club du Sud-Est.

Tournus (Saône-et-Loire). — Le Cyclo-Club Tournusien.

Tours (Indre-et-Loire). — L'Union Vélocipédique ouvrière de Tours. — Le Véloce-Club de Tours. — Le Véloce-Sport d'Indre-et-Loire.

Tracy-le-Mont (Oise). — Le Sport Vélocipédique de Tracy.

Troyes (Aube). — Le Sport Vélocipédique Troyen. — Le Véloce-Club Troyen.

Valence (Drôme). — Le Vélo-Club Valentinois.

Valentigney (Doubs). — La Société Vélocipédique de Valentigney.

Vendôme (Loir-et-Cher). — L'Union Vélocipédique de Loir-et-Cher. — Le Véloce-Club Vendômois.

Verdun (Meuse). — La Dépêche Verdunoise.

Vernon (Eure). — La Société Vélocipédique Vernonnaise.

Versailles (Seine-et-Oise). — Le Vélo-Sport Versaillais.

Le Vésinet (Seine-et-Oise). — Le Cyclist-Club de Seine-et-Oise.

Vesoul (Haute-Saône). — Le Véloce-Club Vésulien.

Vichy (Allier). — La Société Vélocipédique de Vichy. — Le Véloce-Club de Vichy.

Vienne (Isère). — Le Cyclophile Viennois.

Vigan (le) (Gard). — Le Cyclist-Club des Cévennes.

Villeneuve-sur-Lot (Lot-et-Garonne). — Le Club des Cyclistes Villeneuvois.

Villers-Cotterets (Aisne). — Le Vélo-Sport de Villers-Cotterets.

Vitré (Ille-et-Vilaine). — Le Véloce-Club Vitréen.

Vitry-le-François (Marne). — Le Véloce-Club Vitryat.

Une immense Société internationale de tourisme vélocipédique, le *Cyclist's Touring Club*, a été fondée en Angleterre le 5 août 1878. Elle compte aujourd'hui 22 000 membres. Son siège social est à Londres, 139 et 140, Heet-Street. Son chef consul pour la France est M. A. de Baroncelli.

DICTIONNAIRE

DES

EXPRESSIONS VÉLOCIPÉDIQUES

———

Accessoires. — Les accessoires d'une machine sont les clefs, burettes, sac, lanterne, timbre ou grelot, tendeur pour rayons, cadenas avec chaîne, porte-bagages.

Ajustable. — Une pièce est dite ajustable lorsqu'elle peut être élevée ou abaissée, *ajustée* à la taille du vélocipédiste.

Arbre. — Tige d'acier qui traverse le moyeu de la grande roue dans un bicycle, qui traverse le pignon des manivelles dans les machines à chaînes, et au bout de laquelle sont fixées les manivelles. Dans les machines à plus de deux roues, tige d'acier qui porte le mouvement différentiel et unit les deux roues motrices.

Axe. — *Voyez* Arbre.

Bicycle. — Véloce à deux roues dont la première est motrice et directrice à la fois.

Bicyclette. — Véloce à deux roues dont la première est directrice, la seconde motrice.

Bielles. — *Voyez* Manivelles.

Billes. — Petites boules d'acier trempé que l'on place dans les coussinets afin de diminuer la résistance provenant du frottement. On remplace ainsi le frottement de glissement par le frottement de roulement, qui est beaucoup moindre. On fait tourner sur billes les axes, les pédales et les têtes.

Bobine. — Nom donné parfois au moyeu de la grande roue d'un bicycle.

Boulon. — Tige de fer, dont un bout a une tête saillante et l'autre un filet de vis, afin d'y fixer un écrou.

Burette. — Petit récipient portatif en cuivre ou en fer-blanc, contenant l'huile nécessaire à graisser la machine.

Cale. — Morceau de fer entre deux pièces, qui les rend solidaires par la pression qu'il exerce sur elles. — Morceau de bois qu'on met sous la selle d'un bicycle pour l'installer à la hauteur voulue.

Caler. — Rendre une pièce fixe au moyen de cales.

Caoutchouc. — La substance est connue. — Le mot s'emploie seul pour indiquer le cercle de caoutchouc qui entoure les roues. — On fait des caoutchoucs pleins, creux et pneumatiques.

Carcasse. — Se dit parfois de l'ensemble rigide d'une machine, abstraction faite de toutes ses articulations.

Chaîne. — Suite d'anneaux de métal unis les uns aux autres, qui relient le pignon des manivelles à celui de la roue ou des roues motrices dans la bicyclette ou dans le tricycle.

Chronomètre. — Instrument employé dans les courses pour mesurer le temps mis par les coureurs à parcourir une distance donnée.

Clé. — Instrument servant à serrer les écrous.

Clé anglaise. — Petit étau à main pouvant s'adapter à tous les écrous entre un maximum et un minimum donnés.

Coinçage. — Effet produit sur deux pièces qui devraient glisser l'une sur l'autre, mais qui sont trop serrées et ne peuvent plus bouger dans le sens ordinaire de leur marche.

Conduire ou **pousser.** — Mener le vélocipède à la main quand on marche auprès.

Cône. — Petite pièce en acier, creuse, à base circulaire et terminée en pointe, employée pour le réglage des pédales et des petites roues.

Contre-écrou. — Second écrou que l'on serre sur un autre afin d'empêcher que le premier ne se desserre.

Convertible. — Qui peut se transformer facilement en un autre instrument. Ex : tandem *convertible*, qui peut se transformer en machine à une personne.

Corps. — Tige ou assemblage de tiges qui réunit les deux roues d'un bicycle ou d'une bicyclette et soutient le cavalier.

Coussinet. — Pièce en métal dur dans laquelle tourne un axe. Il y a des coussinets lisses et des coussinets à billes. Les seconds sont presque les seuls employés. Ils se composent d'une cuvette circulaire en acier dans laquelle courent les billes, et de deux plaques pariétales qui enferment le tout et se nomment les *joues*.

Cycliste. — Nom générique donné à celui qui va en vélocipède, quel que soit le nombre de roues de son instrument.

Cyclomètre. — Appareil pour mesurer le nombre de révolutions d'une roue.

Dead-heat. — Se dit de deux coureurs arrivant de front au poteau.

Démontable. — Se dit de la partie d'une machine ou de la machine elle-même dont les pièces peuvent se séparer et se rejoindre facilement.

Dollar. — Monnaie américaine équivalant à 5 francs de notre monnaie.

Douille. — Assemblage de deux tubes manœuvrant l'un dans l'autre à frottement doux.

Écarter. — On dit qu'un bicycle écarte, quand, par suite de jeu ou d'usure, les deux roues s'éloignent l'une de l'autre.

Écrou. — Morceau de fer ou d'acier troué et fileté, que l'on visse sur une tige de même métal et de même filetage pour maintenir une pièce en place.

Emballer (s'). — Partir en grande vitesse et n'être plus maître de sa machine : par exemple dans une forte descente.

Enlevage. (Courses.) — Série de vigoureux coups de pédales donnés pour dépasser rapidement un concurrent. L'enlevage est donné presque toujours près du poteau d'arrivée, par un coureur qui fait un effort suprême pour prendre la tête. L'enlevage étant fort fatigant ne dure jamais que quelques secondes.

Entraînement. — Régime et exercices spéciaux que l'on s'impose afin d'être dans les meilleures conditions corporelles possibles pour obtenir une grande vitesse ou une grande endurance dans une course.

Essieu.— Pièce de fer ou acier sur laquelle tournent une ou plusieurs roues. L'essieu est porté par les coussinets.

Étiré (acier). — Acier allongé à froid.

Fileté. — Travaillé en forme de vis.

Foot. (Fait *Feet* au pluriel.) — Pied. Mesure linéaire anglaise valant 0^m,3048. Le pied vaut 12 pouces.

Fourche. — Pièce en forme de V renversé dans laquelle tourne une roue.

Frein. — Pièce à l'aide de laquelle on produit une résistance momentanée, afin de diminuer la vitesse acquise. Les constructeurs font presque toujours appuyer le frein sur le caoutchouc de la roue d'avant; quelquefois le frein est installé sur un *tambour* qui fait corps avec l'axe des roues.

Frottement. — Effet produit par la collision de deux pièces qui se frottent.

Garde-toilette. (Inusité.) — Instrument préservant de la boue le bicycliste.

Gouvernail. — La pièce avec laquelle on dirige un tricycle ou un tandem.

Grelot. — Petite boule de métal creuse renfermant un morceau de métal qui la fait résonner dès qu'on la remue. Son usage est plus étendu aujourd'hui que le timbre avertisseur.

Grippage. — Effet produit par un frottement excessif ou un manque d'huile, et qui a pour résultat d'émietter le métal.

Guidon. — *Voyez* Gouvernail.

Handicap. — Course dans laquelle on égalise la force des coureurs en leur faisant parcourir des distances différentes ou porter, comme autrefois, des poids différents.

Handicapeur. — Titre donné à celui qui handicape.

Hauteur. — On entend, par hauteur d'un bicycle, le diamètre de la plus grande roue.

Heat. — Mot anglais signifiant course.

Inch. — *Voyez* Pouce.

Jante. — Cercle extérieur des roues sur lequel se place le caoutchouc.

Jeu (Avoir du). — Se dit d'une machine dont les parties sont disjointes.

Joues. — Les joues d'un coussinet sont les rondelles métalliques latérales qui le ferment.

Livre sterling. — Monnaie anglaise valant 25 francs. Son cours varie.

Mamelon. — Extrémité arrondie d'une pièce.

Manivelle. — Pièce fixée à l'arbre, sur laquelle on applique, à l'aide des pédales, la force nécessaire à faire marcher le vélocipède.

Marchepied. — Petit support fixé sur le corps d'une machine et sur lequel on appuie le pied pour se mettre en selle.

Match. — Pari fait entre deux coureurs pour mesurer leurs forces.

Mille. — Mesure linéaire anglaise, valant 1 609 mètres.

Monocycle ou unicycle. — Instrument à une seule roue.

Motrice. — La roue motrice est celle qui met en mouvement la machine.

Mouvement différentiel. — Mouvement installé sur un axe qui unit deux roues motrices, et qui permet à ces deux roues, tout en étant actionnées par le même moteur, d'être indépendantes l'une de l'autre.

Moyeu. — Pièce centrale d'une roue, dans laquelle on fixe les rayons.

Multiplication. — Rapport constant entre le pignon des manivelles et le pignon de la roue motrice, calculé de telle sorte qu'un tour des manivelles produise un tour un quart, un tour et demi, quelquefois deux tours de la roue. Une machine a une multiplication de 1$^\mathrm{m}$,45 par exemple lorsqu'à chaque tour des manivelles elle avance autant que le ferait un *bicycle* de 1^m,45 de haut.

Os. (Rare.) — *Voyez* Corps.

Parapluie. — On dit d'une roue qu'elle a fait parapluie quand, par suite d'un violent choc latéral, la jante s'est brusquement déformée, de façon à n'être plus tendue par les rayons. Les rayons tangents évitent cet accident.

Patiner. — La roue motrice patine quand, par suite de son manque d'adhérence au terrain, elle tourne sans avancer.

Pédale. — Partie sur laquelle on pose les pieds, pour donner le mouvement. Il y a des pédales à scies pour les courses, et en caoutchouc pour les voyages.

Pédaler. — Action de pousser sur les pédales.

Pédicycle. — Sorte de patin à roulettes, consistant en une petite roue de vélo, attachée à chaque pied et sur laquelle on roule à l'aide de mouvements semblables à ceux usités pour patiner. C'est plutôt un tour de force qu'une recréation.

Pied. — *Voyez* Foot.

Pignon. — Roue dentée sur laquelle passe la chaîne du tricycle et de la bicyclette.

Piquer. — Tomber en avant, par-dessus la grande roue d'un bicycle.

Piste. — Le terrain sur lequel se fait la course.

Poignée. — Pièce en bois, corne, ivoire ou liège, adaptée au gouvernail, que l'on tient en main pour se diriger ou se maintenir.

Pouce. — Mesure linéaire anglaise valant 0^m,0254.

Poulie. — Roue creusée en demi-cercle dans l'épaisseur de sa circonférence, et sur laquelle passe une corde pour élever et descendre des fardeaux. La poulie était autrefois utilisée en vélocipédie pour le passage de la corde du frein.

Pousser. — *Voyez* Conduire.

Propulsion. — Action d'avancer.

Quadricycle. — Machine à quatre roues.

Racer. — Mot anglais : coursier. Un bicycle racer est un véloce de course.

Rayons. — Fils d'acier réunissant la jante au moyeu.

Record. — On donne le nom de record à la course la plus rapide faite par un veloceman pour une distance ou un temps déterminés.

Recordman. — Celui qui fait un record.

Réductible. — Une machine est réductible quand son mécanisme lui permet d'en réduire les dimensions.

Réglable. — Une pièce est réglable quand on peut, à l'aide du mécanisme dont elle est pourvue, remédier facilement à son usure, sans renouveler cette pièce.

Régler. — Serrer plus ou moins les parties frottantes, afin de les amener au point exact où le frottement est le moindre.

Repose-pieds. — Barres de fer garnies de caoutchouc, le plus souvent adaptées sur le devant d'une machine pour y reposer les pieds.

Roadster. — Machine de route.

Roue directrice. — Celle que meut le gouvernail.

Roue motrice. — Celle que meut la force produite par le veloceman et qui déplace la machine.

Sacoche. — Sac attaché à la selle, dans lequel on emporte les outils et clés nécessaires.

Saddle. — Mot anglais : selle.

Scratch. — Dans un handicap, un coureur qui part du poteau, est dit scratch ou scratchman.

Selle. — Siège de la machine.

Semi-racer. — Une machine semi-racer est une machine de demi-course.

Sociable. — Nom donné aux machines que l'on peut monter à deux de front.

Stanley. — Partie du bicycle sur lequel pose le gouvernail.

Starter. — Celui qui donne le signal du départ d'une course.

Support. — Instrument sur lequel on pose un bicycle ou une bicyclette pour les rendre stables et les nettoyer commodément.

18.

Tambour. — Pièce de métal, en forme de petit cerceau large, rivée à un axe, tournant avec lui, et qu'une forte lanière de cuir entoure pour le serrer au besoin et arrêter la rotation de l'axe.

Tandem. — Nom donné aux machines montées par deux velocemen, placés l'un derrière l'autre.

Taraudé. — Travaillé de façon à recevoir une vis.

Tête. — Nom donné à la pièce supérieure du vélo, et à laquelle sont fixés la fourche, le corps et le gouvernail.

Tricoter. (*Vulg.*) — Faire manœuvrer les jambes rapidement pour avancer peu sur un petit bicycle ou sur une machine très peu multipliée.

Tricycle. — Vélocipède à trois roues.

Unicycle ou **monocycle**. — Vélocipède à une roue.

Vélo. — Abréviation du mot vélocipède. Ne se dit guère que du bicycle ou de la bicyclette.

Véloce. — *Idem*.

Veloceman, féminin **Velocewoman**. — Mot anglais-français, fait « velocemen » au pluriel. Celui ou celle qui va en véloce.

Vélocimane. — Machine fonctionnant au moyen des mains.

Vélodrome. — Emplacement spécial pour les courses de vélocipèdes et les entraînements.

Vélousel. — Carrousel ou défilé vélocipédique.

Virage. — Tournant d'une piste.

Virer. — Faire un virage.

Wheelman. — Mot américain signifiant cycliste.

Yard. — Mesure linéaire anglaise valant 0ᵐ,9144. Le yard vaut 3 pieds.

TABLE DES MATIÈRES

CHAPITRE III

LA JEUNESSE DE LA VÉLOCIPÉDIE (1871-1880)

CHAPITRE IV

LA DIFFUSION DE LA VÉLOCIPÉDIE (1871-1885)

CHAPITRE V

LE SUCCÈS UNIVERSEL DE LA VÉLOCIPÉDIE
(1886-1891)

M. L. Baudry de Saunier se fera toujours un plaisir de répondre à toute demande de conseil ou de renseignement vélocipédique que pourrait lui adresser un lecteur (3, rue de Lille, Paris).

Paris. — Typ. Chamerot et Renouard, 19, rue des Saints-Pères. — 27815.

LIBRAIRIE PAUL OLLENDORFF

28 *bis*, Rue de Richelieu, Paris

Collection grand in-18 à 3 fr. 50 le volume.

ALLAIS (Alphonse). — A se tordre.

ALLARD (Léon). — Les Vies muettes. (*Ouvr. couronné par l'Acad. française*).

BERGERAT (Emile). — Le Faublas malgré lui. — Le Viol. — Le Petit Moreau.

BONNIÈRES (Robert de). — Mémoires d'aujourd'hui. (1re, 2e et 3e séries). — Les Monach. — Jeanne Avril. — Le Baiser de Maïna. — Le petit Margemont.

CAHU (Théodore). — Chez les Allemands. — Petits Potins militaires. — Pardonnée?

CAPUS (Alfred). — Qui perd gagne.

CARETTE (Mme A.). — Souvenirs intimes de la Cour des Tuileries. (Trois séries).

CAROL (Jean.) — L'Honneur est sauf. (*Ouv. cour. par l'Académie Française*).

CATULLE MENDÈS. — Les Boudoirs. de Verre. — Pour les Belles Personnes. — L'Envers des Feuilles. — La Princesse nue. — Pour dire devant le monde.

CHAMPSAUR (Fél.). — Dinah Samuel.

CLAVEAU (A). — Contre le flot. (*Ouvr. couronné par l'Académie française*).

DARIMON (Alfred). — L'Agonie de l'Empire.

DELPIT (Albert). — Le Fils de Coralie. — Le Mariage d'Odette. — La Marquise. — Le Père de Martial. — Les Amours cruelles. — Solange de Croix-Saint-Luc. — Mlle de Bressier. — Thérésine. — Disparu. — Passionnément. — Comme dans la Vie. — Toutes les deux.

DURUY (George). — Fin de Rêve.

GANDILLOT (Léon). — Les Filles de Jean-de-Nivelle. — De Fil en Aiguille. — Bonheur à quatre.

GAULOT (Paul). — Mlle de Poncin, — Le Mariage de Jules Lavernat. — L'Illustre Casaubon. — Un Complot sous la Terreur. (*Ouvrage couronné par l'Académie française.*) — La vérité sur l'expédition du Mexique, 3 vol. (*Ouvrage couronné par l'Académie française.*)

GOUDEAU (Emile). — Le Froc.

GUINON (Albert). — La Rupture de Jean.

HÉRISSON (Cte d'). — Journal d'un Officier d'ordonnance. — Journal d'un Interprète en Chine. — Le Cabinet noir. — La Légende de Metz. — Autour d'une Révolution. — Nouveau Journal d'un Officier d'ordonnance. — Journal de la Campagne d'Italie. — Un Drame royal. — Le Prince Impérial. — La Chasse à l'Homme. — Les Responsabilités de l'Année terrible.

KERATRY (Comte E. de). — A Travers le Passé.

LAUNAY (de). — Les Demoiselles Sévellec. — Discipline. (*Ouvrage couronné par l'Académie française*).

LOCKROY (Ed.). — Ahmed le Boucher.

MAIZEROY (René). — Bébé Million. — La Belle.

MARNI (J.). — La Femme de Silva. — Amour coupable.

MAUPASSANT (Guy de). — Les Sœurs Rondoli. — Monsieur Parent. — Le Horla. — Pierre et Jean. — Clair de Lune. — La Main gauche. — Fort comme la mort. — La Vie errante. — Notre Cœur. — La Maison Tellier.

MIRBEAU (Octave). — Le Calvaire. — L'Abbé Jules.

MONIN (Doct. E.). — Misères nerveuses.

MONTJOYEUX. — Les Femmes de Paris.

OHNET (Georges). — Serge Panine. (*Ouvrage couronné par l'Académie française*). Le Maître de Forges. — La comtesse Sarah. — Lise Fleuron. — La Grande Marnière. — Les Dames de Croix-Mort. — Noir et Rose. — Volonté. — Le Docteur Rameau. — Dernier Amour. — L'Ame de Pierre. — Dette de Haine.

PÈNE (Henry de). — Trop Belle. (*Ouvrage couronné par l'académie française*). — Née Michon. — Demi-Crimes.

PERRET (Paul). — Sœur Sainte-Agnès. — Les Filles Mauvoisin.

PERRIN (Jules). — Le Canon.

RAMEAU (Jean). — Fantasmagories. — Le Satyre. — Possédée d'amour. — Simple.

RZEWUSKI (Cte St.). — Alfrédine. — Le Doute.

SARCEY. — Le Mot et la Chose. — Souvenirs de Jeunesse.

SILVESTRE (Armand). — Les Farces de mon ami Jacques. — Les Malheurs du Commandant Laripète. — Les Veillées de Saint-Pantaléon.

THEURIET (André). — La Maison des Deux Barbeaux. — Les Mauvais Ménages. — Sauvageonne. — Michel Verneuil. — Eusèbe Lombard. — Au Paradis des Enfants.

TREZENIK (Léo). — Confession d'un Fou.

UCHARD (Mario). — Mon Oncle Barbassou. — Joconde Berthier. — Mademoiselle Blaisot. — Inès Parker. — La Buveuse de Perles. — L'Etoile de Jean.

VALLADY (Mat.). — Filles d'Allemagne. — France et Allemagne : les Deux Races.

VAUDÈRE (J. de la). — Mortelle étreinte.

Paris. — Typ. Chamerot et Renouard, 19, rue des Saints-Pères. — 27912

www.ingramcontent.com/pod-product-compliance
Lightning Source LLC
LaVergne TN
LVHW021232170726
843501LV00003B/757